时装画精品课

服装设计效果图马克笔手绘技法教程

QUALITY COURSE ON
FASHION
ILLUSTRATION

伍艳菲（Faye 菲）编著

人民邮电出版社

北 京

图书在版编目（CIP）数据

时装画精品课：服装设计效果图马克笔手绘技法教程 / 伍艳菲编著. -- 北京：人民邮电出版社，2019.1
ISBN 978-7-115-49125-1

Ⅰ. ①时… Ⅱ. ①伍… Ⅲ. ①时装—绘画技法—教材
Ⅳ. ①TS941.28

中国版本图书馆CIP数据核字(2018)第192258号

内 容 提 要

本书为想要提高效率的设计师或想掌握用马克笔进行服装设计表达这一能力的学习者提供了系统的学习方法。

全书共 7 章，第 1 章对马克笔时装画的入门知识进行了介绍；第 2 章对时装画中的人体知识做了细致的分析和讲解，从最基础的人体比例和结构入手，再对五官、四肢及人体动态做了深入解析；第 3～6 章对服装款式、服装面料和服装质感进行了全面讲解，并做了详细的步骤演示，其中常见的服装款式有 4 种，常见的服装面料有 6 种，常见的服装质感有 9 种，每一个案例都有绘制要点、细节分析、步骤演示和作品赏析，能帮助读者全面提升时装画绘制技能；第 7 章是对时装画表现综合案例的讲解，并且每一个案例都有配套的视频教程，减少读者的学习障碍。

全书知识讲解细致，绘制技法全面，案例步骤详尽，服装款式时尚，赏析作品精美，是一本难得的时装画绘制技法学习参考书。本书适合服装设计初学者、学生、热爱时装画的自学者和服装插画师阅读，也可作为服装设计院校或相关培训机构的学习教材。

- ◆ 编　　著　伍艳菲（Faye 菲）
　　责任编辑　杨　璐
　　责任印制　陈　犇
- ◆ 人民邮电出版社出版发行　　北京市丰台区成寿寺路 11 号
　　邮编　100164　　电子邮件　315@ptpress.com.cn
　　网址　http://www.ptpress.com.cn
　　北京盛通印刷股份有限公司印刷
- ◆ 开本：787×1092　1/16
　　印张：20.25
　　字数：552 千字　　　　　　　　2019 年 1 月第 1 版
　　印数：1—3 000 册　　　　　　2019 年 1 月北京第 1 次印刷

定价：99.00 元

读者服务热线：(010)81055410　印装质量热线：(010)81055316
反盗版热线：(010)81055315
广告经营许可证：京东工商广登字 20170147 号

前言
PREFACE

很开心在这里和各位读者分享我的心得。当我收到编辑的写书邀请时，心情既激动又紧张，激动是因为我可以与读者分享自己的努力成果，证明自己；紧张是因为设计师忙碌的工作，影响了我写书的时间分配和内容质量。鱼与熊掌不可兼得，本着为读者负责的态度，为了能给读者呈现一本高质量的学习书，我选择了在家专心投入写作。从试写样章到落实全部内容，经历了10个月的时间。有强迫症的我，严格把关每一章的内容及每一个细节。希望读者在阅读本书时可以感受到我的用心。在此，非常感谢编辑给予我的机会，以及在本书编写过程中给予的建议和肯定。

时装画日渐受到人们的关注，从制板图到商业效果图，可以看出时装画的地位不容忽视。时装画不仅能成为服装设计师的助力，还能帮助设计师在商业插画领域有一番作为。就我而言，起初是为了完成学校的作业而绘制时装画，后来受到马克笔时装画高手的影响，被马克笔作品所表现出的帅气的风格与魅力吸引，深深爱上了马克笔时装画，从而不断练习，寻找属于自己的绘画风格。真是验证了"越努力越幸运"的道理，开始不断有客户邀请我合作，这个过程虽然有辛酸，有汗水，有困惑，但通过努力和坚持，并且相信自我，终将会获得成功！

无论你是服装设计师还是学生，或是没有绘画基础的朋友，只要你热爱马克笔时装画，相信这本书一定可以帮到你。我从小就非常喜欢画画，随便一张纸一支笔就可以画个不停。我小时候喜欢画人，给玩偶画设计图，梦想是长大后成为一名服装设计师。感谢今天的自己，实现了儿时的愿望。初中时我开始对着贴纸画漫画，到了高中才开始正式接受美术教育。我学习了3年美术基础知识，上了大学后开始学习服装效果图绘制。我正式接触马克笔时装画是在工作后，受了马克笔绘画高手的影响，用自己赚的零花钱买了一套马克笔，开始了自学的历程。迄今，我接触马克笔也快4年了，对马克笔时装画有了自己的见解。我从一个自学者思考的角度出发，结合对美术知识的理解，总结了一些自学时的经验和进步的过程，完成了这本非常适合自学和自我增值的图书，希望能尽自己最大的力量帮到你。

学习马克笔时装画的重点在于自信。要对自己有信心，敢于下笔，不要害怕出错。出错是每一个学习者都会经历的，重要的是学会从错误中总结经验。有很多朋友画错一笔就灰心，或是重画，这样会导致进步缓慢，从而渐渐失去学习的欲望。在这里给大家分享一个我自己总结的学习方法：当你用马克笔上色时画错了或者画丑了，你需要做的是继续画，坚持完成整幅画的创作。但是在画的过程中，你的脑海中要想着怎么挽救这幅画，怎么能把它变成属于自己艺术风格的作品。说白了，绘画风格本来就没有好坏之分，或许在你不断挽救坏稿的时候，就会意外发现自己的绘画风格，甚至变成被别人模仿的对象。绘画能力高超的人数不胜数，能有自己风格的人却不多。当我们模仿别人的时候容易迷失自己，追求和别人一样，从而导致我们不去寻找属于自己的绘画风格。因此，我们不应惧怕错笔，应该保持良好的心态与自信，尽自己最大的努力完成每一幅拥有"自己绘画语言"的作品。

要想拥有属于自己的绘画风格，必须掌握时装画的基础知识，并且勤加练习。本书的知识讲解细致，案例步骤详尽，服装款式时尚，赏析作品精美，绘制技法全面，是一本难得的时装画绘制技法学习参考书。只要你持之以恒，好好利用这本书，就可能会在不断临摹的过程中得到自己的见解和经验，形成自己的绘画风格，在一幅又一幅的作品中获得成就感。

我还为大家准备了12个完整的综合案例表现视频，扫描右侧二维码即可获得文件下载方式。如果大家在阅读或使用过程中遇到任何与本书相关的技术问题或者需要什么帮助，请发邮件至szys@ptpress.com.cn，我们会尽力为大家解答。

最后，感谢所有为这本书付出辛劳的朋友和本书的支持者，感谢你们的信任。同时，欢迎大家关注新浪微博@伍艳菲，和我一起探索马克笔时装画的奥妙！

伍艳菲
2018年6月

目录

01

马克笔
时装画入门

灵感出现的瞬间能否被捕捉到，对于设计师而言至关重要。马克笔既能快速记录又能很好地表达创意理念，是深受设计师青睐的绘制工具。马克笔时装画，不仅能快速表达设计，更是能展现出独特的风格。我认为，马克笔带给我的是帅气、不羁与气场。

1.1 设计理念的表现方式

　　时装设计师在前期构思、寻找创意时，设计稿或设计方案并不需要十分完善，此时更加注重的是灵感构想的过程，再通过面料采集，设计元素提炼等一系列的过程，逐步完善设计方案。时装画作为设计师与客户沟通的重要桥梁，具有十分重要的作用，因此掌握时装画绘制技法是每个设计师应该具备的能力。

1.1.1 时装画的类别

　　目前，时装画越来越受到重视，它的功能不断扩大，形式也不断增多。最初时装画主要是作为服装设计效果图，后来在时尚广告、服装宣传，以及杂志插图等方面大放异彩，从一种制作图发展为一种艺术形式。根据时装画的用途和表现形式可以将其分为以下几类。

◎ 设计草图

　　设计草图是设计师捕捉设计灵感最快速的方法。设计师通过简单的线条勾勒，快速记录瞬间灵感，此时不要求画面的完整性，更多的是表现出大概的设计意图与构想。后期设计师会根据设计草图，完善最终的效果图。

强调款式设计点，不要求画面的完整性

◎ 服装和款式效果图

　　服装和款式效果图强调款式造型的整体效果，注重服装整体的着装形态及细节描写。人体着装的造型比例与穿着的版型效果，是打版师通过服装和款式效果图获取信息的来源之一。

服装效果图

从头发、妆容到服装再到鞋，服装效果图的表现比较完整。

款式效果图

款式效果图表现出了服装清晰的轮廓与工艺细节，再加上面料效果，是最接近"成衣"效果的。款式效果图是企业与设计师常用的表现手法之一。

两种表现手法各有优点和缺点：服装效果图虽然能够直观地表现人体着装后的效果，但是不能非常清晰地体现服装结构；款式效果图虽然可以直观地观察到"成衣"的最终效果，但如案例中腰部镂空的部分就没能完美地表现出来。

◎ 服装款式图

服装款式图一般包含正面和背面，是具有款式细节的平面图，含有版型、比例、结构和工艺说明等细节。这里的服装款式图并非强调艺术效果，而应该强调准确性，因为它是版师制作纸样的重要依据。

手绘款式图

手绘款式图能直接、快速地表达款式特点。一般设计师都会在手绘款式图上写上基本的信息，如面料、拉链和工艺等。

电脑绘制款式图

用绘图软件绘制的款式图，在比例、细节和版型等方面比手绘的更加准确。随着科技的快速发展，很多设计师都选择使用电脑绘制款式图，不仅修改方便、快速，还能提高工作效率。

为了使设计意图更加明确、清晰，很多时候设计师在款式图中会选择色调反差大的颜色来区分用料部分，不一定要用真实面料的颜色来区分。

◎ 时装插画

　　时装插画是另一种服装效果图的表现形式，它更注重艺术性，或是表现一种感觉，或是一种视觉享受。在时装插画中，设计师将人物的各种形态与服装的流行性和时代精神相结合。时装插画很多时候需要更高的完成度与审美水平，通常运用在品牌宣传、画册、杂志、详情页或其他商业用途中。

1.1.2 时装画的表现形式

　　在确定设计方案的同时，设计师还要选择合适的方式更好地表现设计理念。除了服装结构表达准确，色彩、质感和图案等表现得当以外，还应当具有艺术感染力。

　　除了以马克笔作为主要表现工具外，还可以结合更多的工具来表现，如水彩、彩铅和蜡笔等，只要能把设计师的最终想法体现出来即可，最重要的还是结合技法用合适的风格与表现形式体现出设计理念。

◎ 写实表现

　　写实表现是一种接近现实的描绘风格，虽有夸张但不强烈，对人物服饰刻画得较细腻，接近现实生活。时装画绘制注重的是效果，因此不能过于追求逼真，避免过于呆板。在绘制过程中可以将人物的比例和动态进行少许夸张、变化，以达到理想美的标准。对服装线条、色彩进行归纳处理，有取有舍，主次分明。

◎ 半写意表现

半写意表现形式也深受插画师的喜爱，它将潇洒与细腻相结合，既能表达出人物写实的神韵，又能使画面具有写意般的节奏与想象空间，时尚感强。

◎ 写意表现

写意表现着力于表现服装的内在神韵和气质，用笔简约，追求画面抽象、韵律、气势的时尚美感。

◎ 材质多元化表现

服装设计师在创作和表现的过程中，除了运用画笔以外，生活中还有很多材料都是可以运用的，如布料、报纸、花瓣和指甲油等。很多时候，非常规的手段不仅能帮助设计师快速实现创意，有时还会带来意想不到的惊喜。

1.2 马克笔时装画所需工具

马克笔颜色鲜亮、通透，是一种快速、简洁的渲染工具，不仅使用方便而且颜色持久，且可以预知整体表达效果。马克笔可快速记录创意表达与构思，笔触潇洒大气，极具风格魅力。选择一种得心应手的工具，可以使绘画事半功倍，马克笔就是很好的选择。

1.2.1 认识马克笔

马克笔（Marker）是一种绘画专用的绘图彩色笔，本身含有墨水，且通常附有笔盖，一般拥有坚硬的笔头。马克笔的颜料具有易挥发性，用于一次性的快速绘图。

马克笔有不同的型号、规格、类型，使用它能够绘制出多样化的效果。

◎ 马克笔的笔头

笔头的材质

马克笔的笔头一般分为纤维型和发泡型两种材质。

纤维型笔头的笔触硬朗、犀利，色彩均匀，笔头设计为多面，随着笔头的转动能画出不同宽度、不同变化的笔触，适合用于表现硬朗的造型。

发泡型笔头较纤维型笔头更宽，笔触柔和，色彩饱满，画出的色彩有颗粒状的质感，适合更加细腻的表现。

笔尖的形状

斜头（Broad）：用于大面积铺色，斜头的每个角度都不同，可通过不断转换笔头方向画出粗细、宽窄不同的色块，棱角可以用来勾线。

细头（Fine）：适合用于勾线和填充面积较小的部分，多用于刻画细节，制造肌理。

软头（Brush）：线条非常灵活多变，弹性好，笔触柔软，多用于绘制拐弯较多的褶皱、头发等。

宽头（Wide）：用于大面积铺色，多用于背景或海报广告制作。

Broad   Fine   Brush   Wide

◎ 马克笔的墨水

油性/酒精性

优点：防水，快干，易叠色，纸张不容易起球，混色效果好，颜色饱和度高，颜色鲜艳。

缺点：含甲醇、较刺鼻，用时要保持通风。

水性

优点：不刺鼻，色彩饱和度相对较低，颜色相对没那么鲜艳，相对优雅、自然。

缺点：不防水，易晕开，混色效果差，反复叠色容易使画面变脏。

常见马克笔介绍						
品牌Logo	品牌名	产地	墨水类型	笔尖材质	价格参考/元	特点
Chartpak	Chartpak AD	进口	油性	发泡型	18~20	价格昂贵，但效果好，笔尖弹性好，颜色近似于水彩的效果
Sharpie	三福	进口	油性	发泡型	10~15	变化笔头角度可以画出不同笔触效果，颜色柔和
Rhinos	犀牛	进口	油性	发泡型	6~10	颜色干前和干后色差极小，色彩稳定性高，笔头宽大，笔触柔和
COPIC	Copic	进口	酒精性	纤维型	28~30	价格贵，可替换笔头，可补充墨水，快干，混色效果好
MARVY UCHIDA	美辉	进口	水性/酒精性	纤维型	8~10	价格便宜，水性笔头较窄，颜色饱满
Kuretake	吴竹	进口	水性	纤维型	12~15	双头同色系有深浅两色，用于阴影特效绘制效果更佳，防水性好
TOUCH	TOUCH	进口	酒精性	纤维型	12~13	性价比高，色彩丰富，混色好，色彩艳丽
iMark	IMARK	进口	酒精性	纤维型	10~12	三面笔头，笔触硬朗，灰色系颜色较多
FINECOLOUR	法卡勒	国产	酒精性	纤维型	5~8	融色效果好，性价比高，颜色多样
斯塔	斯塔	国产	水性	纤维型	2.5~4	笔尖较细，颜色较透明，色彩丰富
Touch three	TOUCH3/TOUCH4	国产	油性	纤维型	1.3~3	性价比高，颜色多样，价格便宜，建议初学者练习时使用
POTENTATE	遵爵	国产	油性/水性	纤维型	3~5	颜色亮丽，笔触流畅

1.2.2 其他辅助工具

当我们在完善绘制构想时，除了必需的工具外，为了达到更好的画面效果，一些辅助工具也是必不可少的。若单单使用一种表现工具，必然是有局限性的。每种工具都有其优缺点，马克笔也不例外。

◎ 纸张

马克笔墨水渗透力较强，若在普通绘图纸上作画，墨水很容易渗透到纸张背面，甚至污染下面的纸张。因此，最好选择马克笔专用纸，不过市面上的马克笔专用纸较贵，建议初学者选择较厚的绘图纸（180g左右）。铜版纸过于光滑不利于马克笔上色，卡纸略粗糙不利于流畅用笔，并且颜色渗透差。

①马克笔专用纸和马克笔颜色融合是非常好的搭配体验，但是价格昂贵。

②厚度180g左右的绘图纸价格便宜，绘画效果也不错，是初学者很好的选择。

◎ 铅笔和橡皮

铅笔和橡皮多用在起稿阶段。铅笔型号很多，根据软硬程度和颜色浓度可用H和B来表示。H前面数字越大，铅芯越硬，画的颜色越浅；B前面数字越大，铅芯越软，画的颜色越深。素描画通常用不同型号的铅笔区分明暗细节。起稿可以选HB铅笔或自动铅笔。

马克笔是透明材质，起稿时应保持画面干净，将不必要的辅助线擦掉，否则马克笔颜色无法覆盖线条，影响画面效果。

①可利用木质铅笔的钝头笔尖勾勒线稿的大致轮廓。

②自动铅笔多用于完善线稿细节。

③自动铅笔的笔芯可以用很长时间。极细的笔芯可用于绘制非常细致的部分，如五官可选用0.3mm或0.5mm的笔芯绘制。

④固体橡皮可以擦得非常干净，但是使用次数过多容易损坏纸张。

⑤可塑橡皮可以塑形，可用于擦除非常细节的部分，不易损坏纸张。

用钝头的铅笔起稿

用0.3mm自动铅笔绘制的细节线条

◎ 勾线笔

勾线笔一般用于强调线条轮廓、结构转折或细节描绘。勾线笔分很多种,有彩色针管笔、绘图钢笔、蘸水笔和秀丽笔等。这些笔笔尖的材质和形状各异,通过对用笔力度和笔尖方向的控制,能绘制出灵活多变的线条。

①穆美娜彩色纤维勾线笔,颜色丰富多彩,但不防水,要等待墨水干后再勾线,避免颜色晕开。

②彩色绘图针管笔,主要以灰色系为主,型号多,墨水充沛,防水性好。

③秀丽笔又称毛笔,笔锋软硬适中,出墨均匀,快干防水,适用于定稿勾线。

④彩色防水秀丽笔,笔锋细软,防水,墨水不褪色。

⑤防水针管笔,型号多,防水,遇水不晕染。

⑥美工钢笔,所画出的线条因其结构不同而不同,硬度高,速写稳定性高。

⑦蘸水笔,硬度高,笔头可替换,可画出多变的线条,但一次所含的墨水是有限的,容易出现断墨的情况,墨水容易滴在纸上。

结合了穆美娜纤维笔和极细彩色针管笔绘制的五官、皮肤轮廓和花卉图案

用小号秀丽笔勾勒的画面

用钢笔勾勒的画面

◎ 水彩

　　水彩的透明度高，调色方便，色彩变化非常丰富。水彩一般分固体颜料和管装颜料。水彩和马克笔笔触的搭配性好，搭配使用不但可以增强表现力还能丰富画面色彩。

　　①管装颜料。

　　②固体颜料。

　　③固体水彩棒。

①　　　　　　　　　　②　　　　　　　　　③

◎ 彩铅

彩铅属于半透明材质，和马克笔搭配使用可以起到一定的覆盖作用，可用于绘制肌理等。彩铅相对而言比较容易掌握，可通过排线和色彩叠加来表现细腻、过渡、柔和的视觉效果。

①油性彩铅，上色后会形成一层油蜡的涂料。

②水溶性彩铅，不蘸水时和普通彩铅的效果差不多，蘸水后，铅笔粉末会融化，呈现出和水彩画一样的效果，看不出铅笔的线性痕迹，成为一整片的色块。

水溶性彩铅加水晕染后的效果　　　水溶性彩铅局部晕染的效果　　　不溶性彩铅绘制的效果

◎ 高光笔

高光笔属于覆盖性强的油漆笔，和马克笔搭配使用可以达到最佳效果。在马克笔时装画中，大面积的受光面通过留白体现，小面积的高光则可以用高光笔体现。有的朋友喜欢用涂改液来体现高光，在这里笔者不建议初学者使用涂改液，因为涂改液极难控制，如果使用不当会造成画面效果差。

①只有一种规格，目前有金色、银色和白色，覆盖力强，线条单一。

②有几种规格，包含0.7mm、1.0mm和2.0mm，线条有细粗变化。

③白色墨水，流动性好，可以覆盖大面积。

①

②

③

金色可绘制金属细节，白色可提亮服装和绘制波点

1.3 马克笔的表现技法

马克笔通常在起始端和终止端颜色比较深，中间颜色比较浅，浅到可以透过别的颜色。不同的笔头画出来的笔触各有特点。在绘制时装画时，由于人体的运动使服装产生大量转折和褶皱，因此用笔也要灵活多变，实际上就是用合适的笔触去填充而已，不要总觉得马克笔难以控制或不敢下笔。只有掌握了基本笔触，才能更好地灵活转动笔尖得到想要的笔触。要做到控制画笔，而不是被画笔控制。

1.3.1 马克笔的基本笔触

①用斜头以45°向一个方向用笔，常用于大面积铺色等。

②用斜头向一个方向扫笔，起笔较重，收笔时笔尖不与纸面接触，体现出"扫"的感觉，常用于过渡。

③通过斜头截面快速运笔，旋转笔杆，"飞"笔收尾，和扫笔类似，但飞笔笔触要短一些，用笔方向灵活，常用于填充堆积褶皱。

④这种用笔与飞笔类似，但线条更长，常用于绘制垂褶，如长裙、长裤等的纵向填充。

⑤用斜头细截面绘制出细面，常用于绘制色块或肌理。

⑥用斜头棱角绘制出的线条，粗细适中，可灵活运用于勾线或绘制轮廓。

⑦用斜头尾端棱角以Z字形运笔，表现出粗细变化的线条。这种线条是斜头表现中最细的线条，常用于衔接。

⑧通过斜头不同截面绘制出来的笔触，以笔块为主，在笔法上随意灵活，适合绘制图案色块或肌理。

笔触运用参考

⑨细头线条灵活，垂直用笔可以点出饱满的圆点，常用于勾勒轮廓，绘制波点图案或图案细节。

⑩软头笔相对于其他笔头而言变化丰富，粗细变化灵活，线条更富有动感，常用于绘制转折或拐弯多的部分，如布纹褶皱等。

⑪宽大笔头多用于大面积铺色，在时装画中常用于绘制背景或写意绘制。

⑫0#马克笔常与其他颜色的马克笔叠加使用。通过图中对比可见，0#马克笔可以使颜色达到混色效果，常用于绘制皮肤过渡、天鹅绒肌理等。

叠加了2层0#

叠加了1层0#

原始状态

1.3.2 马克笔常见用笔问题

在用马克笔表现画面时如果用力不当或者画时过于犹豫也是不利于作画的。不要怕画得丑，要有自信，要勇于下笔，勇于犯错，这样才会积累经验，从而逐渐进步。下面列举几种使用马克笔时常见的问题。

①两头颜色太重，停顿时间太长。

②线不直，用笔力度不够。

③用笔过于犹豫，断断续续，笔触不畅。

④笔太干，但适用于绘制纹理。

⑤渗色超过了轮廓线，上色时或距离轮廓线太近，或马克笔太湿。

⑥色块中出现污迹，上色时墨水未干或笔头被染色。

1.3.3 马克笔技法运用

学习了马克笔的笔触后，再结合相对应的表现技法，就可以使画面形成丰富的层次和不同的风格。

◎ 平涂法

这是最基本的技法，马克笔由于受笔头形状和宽度的限制，无法像水彩那样绘制出极为平整的色块，会留下衔接笔触。

①由左往右排线有明显的笔触。

②由上往下排线有明显的笔触。

③打圈平涂，由于马克笔笔头的特点，打圈平涂会导致颜色不均匀。

平涂之余留出高光，显得
更有光泽、更透气

平涂过于饱满，略显生硬

采用平涂法绘制的外套和采用笔触叠加法绘制的连
体裤，形成对比，使画面更有层次

◎ 点线面组合法

点线面组合法指通过点线面的绘画原理来运用笔触。在时装画中，点通常用来点缀、过渡，细节和图案的简化都可以用点来表示；线的粗细、虚实变化尤其重要；面，则以多个不规则的面出现。用点线面可以表达时装画的生动，使画面更具立体感。

面
线
点

①面　　　②粗线　　　③细线　　　④点

点线面局部和整体的运用

用点线面手法绘制各个局部，使画面更具特色，笔触丰富

整体采用点线面表现，线条简约，画面干净潇洒，时尚感强

◎ 叠加法

叠加法是绘制马克笔时装画中最常用的方法,通过颜色的叠加,可以很好地区分明暗,达到自然的衔接过渡,不仅可以增强画面层次感,还可以丰富画面。叠加前需要注意叠加处的颜色是否干透了,针对干叠加和湿叠加的特点,可以合理安排运用。

同色系   异色系

颜色变浑浊、变脏

笔触晕开

A:表示底色干后再上色   B:表示第一层底色未干就再次上色

同色系

A:笔触清晰,颜色分明。

B:笔触衔接,颜色混合。

异色系

A:笔触清晰,保持两层颜色分明。

B:笔触含糊,底色和上层颜色混合,颜色变浑浊、变脏。

总结:同色系干叠加的笔触分明,这是马克笔的笔触特点,适用于绘制各类服装;湿叠加颜色达到混合效果,可用于绘制皮肤、绒料等混色。异色系干叠加上下层颜色分明,适用于图案叠加;湿叠加颜色变浑浊,不推荐使用。

①第一层平涂底色。

②第二层干叠加。

③第三层再干叠加。

④通过笔触的排列层层逐渐叠加,形成渐变,明暗表现细腻,达到自然的过渡效果。

单色 叠加

①   ②   ③   ④

①第一层平涂底色。

②第二层干叠加。

③第三层再干叠加。

④通过笔触的排列露出下方底色,更显层次,笔触分明,明暗分明,达到过渡衔接。

同色系叠加(浅-深)

①   ②   ③   ④

同色系叠加（深-浅）

①先画深色。

②叠加第二层颜色。

③平涂最后一层底色。

④笔触有所混合，出现水印。

① ② ③ ④

总结：叠色时应注意颜色的深浅绘制顺序，理解所产生的效果。每一次叠加的色彩面积应该逐渐减少，切忌全部覆盖上一层色调，否则会失去层次感。由浅到深绘制，颜色可以达到自然的过渡衔接；由深到浅绘制，会出现反底色和水印，在特殊处理中，可以用此特性来体现肌理或质感，如绘制天鹅绒质感（具体可参考天鹅绒面料质感绘制章节）。

同色系（浅-深）叠加，色彩对比强烈，色彩层次分明

单色叠加，色彩柔和，对比和谐，过渡衔接自然

同色系（深-浅）叠加，色彩过渡柔和，颜色融为一体

1.3.4 辅助工具的搭配

◎ 与彩铅搭配使用

彩铅可以用来绘制细节或表现肌理。马克笔和彩铅混合使用，彩铅能很好地调和颜色，弥补马克笔颜色的不足，使画面细节更加丰富细腻。

马克笔和彩铅搭配的使用顺序

先用马克笔绘制出底色，再用彩铅进行叠加，彩铅和马克笔的颜色完美混合，形成富有变化的肌理感。

若先用彩铅绘制底色，再用马克笔进行叠加，则过渡略显生硬，而且不溶性彩铅的蜡质也容易损坏马克笔笔头。因此建议先用马克笔绘制，再用彩铅叠加颜色，效果更佳。

 + = 　 + =

马克笔和彩铅搭配案例

利用彩铅绘制出牛仔面料的粗糙肌理感

利用水溶性彩铅既能表现胸前薄纱的透视感，又能表现纱裙密集的褶皱

◎ 与水彩搭配使用

可以先使用水彩进行大面积渲染来铺设底色，再用马克笔叠色进行强调，也可以在马克笔上进行渲染，使原本清新、轻快的色彩变得沉稳、艳丽。

①先用水彩绘制底色。

②干后，再用马克笔叠色。

③笔触清晰，干脆利落，颜色分明。

①先用马克笔绘制底色。

②再用水彩进行融色。

③水彩微微洇开，形成柔和、清新的融色效果。

用水彩渲染背景，使马克笔的笔触与水彩的笔触形成
对比，增强画面层次

利用马克笔绘制人体和五官，再用水彩笔进行渲染，绘制
出百褶裙的细褶和透视感

W5-yanEei
Faye薇
2016.4.5.

W5-yanEei
Faye薇
10.18.2015

借助水彩绘制出使用马克笔较难表现的水溶边印花图案，或颜色复杂的渐变图案

借助水彩绘制出渐变的裙摆底色，再用马克笔进行图案绘制

02

时装画中的
人体表现

时装画表现的是服装的美感和服装在人体上穿着后的预期效果，因此掌握人体、人体与服装的关系是绘制时装画至关重要的一个环节。在时装画中，人体绘画相当于基础，很多初学者往往被时装画的魅力吸引，着急于绘制服装，忽略了人体的学习或草草带过，导致画面总是画不出理想的效果，进而失去了学习兴趣。所以我们在学习人体比例时，务必认真对待，为以后的学习打好基础。

2.1 时装画中的人体

　　时装画中的人体是学习的重点亦是难点，只有把握好人体的比例关系，才能绘制出协调的画面，可以说画不好人体比例就画不好服装，所以掌握人体比例是很重要的。

　　很多初学者认为反正人体会被服装遮住，只要绘制好服装就没有问题了，这是错误的。所有着装都是根据人体基础进行表现的，就算人体最终会被衣服遮住，但是如果没有一个标准，是没有办法确定每个服装分割点的位置的，从而导致画面总是不如意。

　　还有一些人因为受到一些非常夸张的作品影响，认为没有必要学习标准人体，觉得夸张的作品都是违背正常人体比例的，所以人体比例的学习不重要，这个想法也是不对的。不能一开始就强调个性或是过于遵从主观而忽视比例，不然将无法领会到标准的美。只有在基础上求变，才能使我们在采用任何手法绘制的时候，有规可循。

2.1.1 时装画中的人体比例与构成

　　时装画中的人体造型与实际人体还是有差别的，出于画面视觉效果的考虑，时装画中的人体各部位的比例会有相应变形和美化。正常人体一般为7.5或8头身，亚洲许多地区则以7头身居多，而时装画中的人体比例普遍为9头身，由于马克笔的表现更具张力，所以一般会采用10头身，甚至11头身。一个头身即以一个头长为测量单位，测量从头顶到脚的长度。除了长度比例，男女间的宽度比例也是要注意的，这关系到男性和女性的表达。女性要表现出柔美的感觉，男性则要表现出阳刚的感觉。

◎ 女性人体比例

　　绘制时装画时，会选择较为理想的人体进行表现，也就是所谓的时装人体。女性体型的特点是肩宽与臀围相等，在增加头身比例时，身体变化不大，脖子、腰部只需稍稍加长，腿则为主要加长。

◎ 男性人体比例

男性人体最主要的轮廓特征是呈倒三角形，他们四肢发达，肌肉结实，在绘制时需要表现出肌肉的饱满，需要注意绘制时线条变化波动大，尤其关节处线条更明显。男性体型的特点是肩宽大于臀宽，所以在改变身高比例时，纵向与女性拉伸方法一样，脖子和腰部只需要稍微加长，腿为主要加长部位。宽度上适当加大肩宽。

正常人体　　　　　　时装人体

7头身　　　　8头身　　　　9头身　　　　10头身

◎ 儿童和青少年人体比例

幼童： 2~3岁约4头身。头部占据大部分比例，头部形状浑圆，因幼童时期的婴儿肥所以四肢比较短胖。绘制时要表现出天真好动的感觉，用笔柔软、细腻。

儿童： 4~6岁5头身。腿比幼童时期要长一些，但和幼童一样都是胖乎乎的，骨骼还藏在脂肪中，肌肉几乎还没发育。绘制时要表现出纯真自然、活泼可爱的感觉，用笔柔和。

少年： 7~12岁约7头身。随着年龄增长，婴儿肥渐渐退去，身体比例逐渐变均匀，身躯和四肢逐渐拉长。绘制时要表现出淘气活泼，小大人的感觉，用笔适度。

青少年： 13~17岁约8头身。在比例上已经趋于成年人，骨骼变化明显。但由于身体还没完全发育成熟，所以身形还是较为纤细。绘制时要表现出青春活力，彰显个性，用笔可稍微加强，体现出骨骼的线条感。

幼童　　　　儿童　　　　少年　　　　青少年

2.1.2 人体的构成

在人体中，骨头不是笔直的，绘画中笔直的线条让人感觉呆板，弯曲的线条会使人体更生动。可以简单把人体理解为是由不同的几何体组成的，不同的几何体代表人体不同的部位，把这些局部的几何体画好并学会进行组合，那么想画好时装人体就不再是一件难事。

图中的红色标记部分是人体活动的主要关节点，在绘制时装画时，要注意转折的变化，只要掌握了它们之间的规律，就可以绘制出更多不同姿势的人体。

①头-椭圆形
②脖子-圆柱
③肩胛-楔形体
④关节-球体
⑤上臂-圆柱体
⑥胸腔-梯形体
⑦腰-长方体
⑨前臂-圆锥体
⑧盆腔-梯形体
⑩手-梯形体
⑪大腿-圆锥体
⑬脚-锥形体
⑫小腿-圆锥体

2.1.3 时装人体的绘制要点

一般来说，无论几头身在宽度上的基本比例是不变。

女性体型的特点，肩宽=臀宽=1.5头长，腰围=1头长。

男性体型的特点，肩宽大于臀宽，肩宽=2头长，腰宽=1头长，臀宽=1.5头长。

案例为9头身，长度也遵循了一定规律。

以腰线为界：

上半身=3头长；下巴到腋下、腋下到腰分别为1头长，男性体型相同。

下半身=6头长；腰围到会阴=1头长；会阴到膝盖=2头长；膝盖到脚踝=2头长；脚踝到脚趾=1头长。与女性人体不同的是，男性前臂略长，大腿略长于小腿。

0
1. 头部
1/2锁骨
2. 腋下
3. 腰部
4. 会阴/手腕
5. 大腿
6. 膝关节
7. 小腿
8. 脚踝
9. 脚趾

了解完人体的比例关系后，再绘制人体肌肉。女性人体的肌肉线条柔和细致，锁骨较明显，因此，在绘制时要注意线条的粗细，用笔轻重得宜。男性则要体现出体积的力量感，在绘制时注意线条的起伏，圆滑流畅。

2.2 时装画人体的局部表现与画法

时装画中头部除了能衡量比例关系外，更能表达出人的精神面貌。可以通过对妆容、发型和配饰的描绘，表达一个完整的效果。

2.2.1 头部和五官的比例关系

绘制头部与五官，首先要掌握五官的位置和比例。五官的位置则有"三庭五眼"之说。

"三庭"即发际线到眉尖、眉尖到鼻底、鼻底到下颌，各占脸长的1/3。在平视头部时三庭的距离相等。

"五眼"即在两耳之间有五个眼睛的宽度。这也是现实中人眼睛的面部比例。

需要注意的是，"三庭五眼"只可作为基准，以免走形。在绘制时装画中，为了塑造完美的脸型，会打破这个比例，但前提是要有基准才能进行调整。如要体现模特脸庞瘦小，只要注意两眼之间的鼻宽约等于一只眼宽即可；又如在绘制白种人模特的时候，眼睛较大，脸庞窄而立体，眉毛与眼睛的距离短。

除了绘制头部正面，通过变换透视，还可以学习半侧面或侧面等，丰富人物造型。

正面　　　　　　　　　　侧面　　　　　　　　3/4半侧面

对比可见，无论正面、侧面或半侧面，五官的高度位置基本变化不大，而宽度的变化是根据比例关系而变的。

◎ 正面画法解析

正面的头部在时装画中较容易掌握，运用也非常广泛。掌握好正面脸部的绘制，对于后面学习其他角度的头部画法能提供很好的基础。注意正面脸型的轮廓，由颧骨和下颌骨（如图④所示）决定。

①根据"三庭五眼"的比例关系绘制出辅助线，确定发际线、耳顶线、鼻底线和下颌线，脖子长度为半个头长，眼睛位于头部1/2处，平均分配5眼。

②进一步绘制辅助线，绘制出眼睛、眉毛、鼻子和耳朵的大致形状，嘴巴在鼻底到下颌的1/2处。上文提到时装模特的脸较小，所以只需要保证两眼之间的鼻宽约等于一只眼宽即可，因此脸型轮廓可以缩小。

鼻子宽度为一个眼宽，嘴巴宽度则为1.5个眼宽。耳朵位于眉底和鼻底间。

③完善五官轮廓，绘制出双眼皮和眼珠，细化耳朵结构，绘制出唇沟，画出脖子主要线条，确定头发形状。

④去掉辅助线，完善五官细节和头发。

◎ 半侧面画法解析

在绘制平视半侧面时需要注意五官的位置变化，以及宽度之间的变化，要把握好它们之间的透视关系。注意半侧面脸型的轮廓，由眉骨、眼窝、颧骨和下颌（如图④所示）决定。

①根据比例关系绘制出正中线和"三庭"的辅助线。脖子长度为半个头长，眼睛位于头部1/2处。在正中线一侧绘制眼睛比例的辅助线，注意之间的透视关系，眼睛比例为一宽一窄。

②进一步绘制辅助线，绘制出眼睛、眉毛和鼻子。正中线另一边的一半为耳朵的位置，耳朵高度位于眉底和鼻底间。嘴巴在鼻底到下颌的1/2处。注意五官之间的宽度变化。

③完善五官轮廓，绘制出双眼皮和眼珠，完善耳朵结构，绘制出唇沟，确定发际线形状。

④去掉辅助线，完善五官细节和头发，画出脖子的主要线条。

◎ 侧面画法解析

侧面轮廓曲线明显，鼻尖是脸部最突出的地方，下颌骨是塑造侧面轮廓的重要线条（如图④所示）。

①根据比例关系绘制出"三庭"辅助线。脖子长度为半个头长，眼睛位于头部1/2处。

②进一步绘制辅助线，绘制出眼睛、眉毛和鼻子。正中线为耳朵的位置，耳朵高度位于眉底和鼻底间。嘴巴在鼻底到下颌的1/2处。

③完善五官轮廓，绘制出双眼皮和眼珠，完善耳朵结构，确定发际线形状。

④去掉辅助线，完善五官细节和头发。

2.2.2 五官的画法

绘制时装画时，各种表情可以通过五官表达，完整的脸部表现，往往成为画面焦点。绘制五官时，眼睛和嘴巴需重点绘制，鼻子和耳朵简单绘制即可。

◎ 眉眼

眼睛是脸部重要的组成部分之一，在绘制时装画时应该重点表现，眼睛通过眼影、睫毛和眼线等的调整可以有很多变化。眉毛分很多形状，如时装画中最常用的细眉、拱形眉和上挑眉等，在时装画中简单表现即可。

正面眼睛画法和上色步骤

特点：对称，内眼角比外眼角低，上眼睑比下眼睑弧度大。

01 绘制3等分辅助线，根据辅助线绘制出眼部轮廓。

02 绘制出球形辅助线，因为眼珠呈球状。眼珠会被上眼睑遮盖一部分，绘制时切忌绘制成一个圆形，应该是半圆。

03 擦除辅助线，确定最终线稿。

04 用26#马克笔平涂皮肤底色，眼球留白。

05 用25#马克笔绘制出皮肤暗部。

06 用浅棕色纤维笔勾线，绘制出虹膜底色，注意留白作为高光。

07 用深棕色纤维笔进一步加重眼线，强调暗部线条，完善瞳孔的绘制。

外眼角线

内眼角线

01   02   03

04   05   06   07

留白高光   加重 加重   瞳孔

虹膜   加重

3/4半侧面眼睛画法和上色步骤

特点：侧转时长度会变短，内眼角的弧度随之变大，内眼角比外眼角低，上眼睑比下眼睑弧度大。

01 绘制辅助线，按1<2<3的宽度比例分配，根据辅助线绘制出眼部轮廓。

02 绘制出球形辅助线，画出眼珠形状。

03 擦除辅助线，确定最终线稿。

04 用26#马克笔平涂皮肤底色，眼球留白。

05 用25#马克笔绘制出皮肤暗部。

06 用浅棕色纤维笔勾线，绘制出虹膜底色，注意留白作为高光。

07 用深棕色纤维笔进一步加重眼线，强调暗部线条，完善瞳孔睫毛的绘制。

外眼角线   内眼角线

01   02   03

04   05   06   07

留白高光   虹膜   睫毛 瞳孔   加重

加重   加重

侧面眼睛画法和上色步骤

特点：正侧面时，只能看到一只眼睛。此时看不见内眼角，眼睛呈三角形，上眼睑比下眼睑长。

01 绘制辅助线，根据辅助线绘制出上眼睑和下眼睑，整体呈三角形。

02 绘制出球形辅助线，侧面眼球呈椭圆形，绘制出眼皮。

03 擦除辅助线，绘制睫毛，上睫毛比下睫毛长。

04 用26#马克笔平涂皮肤底色，眼球留白。

05 用25#马克笔绘制出皮肤暗部。

06 用浅棕色纤维笔勾线，绘制出虹膜底色，注意留白作为高光。

07 用深棕色纤维笔进一步加重眼线，强调暗部线条，完善瞳孔睫毛的绘制。

上眼睑

下眼睑

上睫毛

下睫毛

虹膜   加重 瞳孔

留白高光   加重

01   02   03   04   05   06   07

眉毛画法和上色步骤

01 绘制好眼睛后,穿过两眼角绘制一条辅助线,然后在靠近上眼睑处绘制一条与第一条辅助线平行的辅助线,接着将第二条辅助线分成3等份,确定眉长。从两眼角延伸两线,确定眉毛的弧度,眉毛形状可以根据个人审美绘制。

02 擦除辅助线,绘制眉毛,眉毛顺着同一方向绘制。

03 用浅棕色纤维笔勾线,强调眉毛底部的线条。

04 用深棕色纤维笔进一步加重眉毛密集处。1为重点加重,线条密集;2为过渡加重,线条稀疏;3因眉毛稀疏则不需要加重。

01　　　　　02　　　　　03　　　　　04

眉眼不同角度的透视案例

观察可见,随着头部转动的角度不同,眼睛和眉毛也是不同的,眉毛的长度会随着眼睛的变化而变化。

平视:正面平视时眼睛和眉毛比较完整;半侧面平视时眼睛和眉毛比正面平视短,眼睑和眉毛的弧度变大,可以清楚地看见内眼角结构;侧面平视的眼睛和眉毛更短,弧度最大,眼角呈三角形,睫毛呈现最长状态。

俯视:正面俯视时,双眼皮变宽,眼睛长度不变,眉毛高度适当变窄,长度不变;半侧面俯视时双眼皮面积更大,眼睑和眉毛的弧度变大,可以清楚地看见内眼角结构;侧面俯视时眼睛宽度变宽,眉毛变长,弧度变小。

仰视:正面仰视眼睛呈三角形微凹凸,睫毛往上,双眼皮变窄,眼睛变短,眉毛变短,弧度变大;半侧面仰视的眼睛呈三角形凹凸状,睫毛往上,双眼皮变窄,眼睛变短,眉毛变短,弧度变大;侧面仰视时眼睛呈三角形凹凸大,睫毛往上,眉毛弧度变小、变长。

眉眼不同角度透视的上色参考

眼部上色的方法基本是相同的，只需要注意暗部处理和勾线强调的地方，就能绘制出灵动立体的眼睛和眉毛。

◎ **鼻子**

鼻子是五官中最突出的部分，需要强调鼻梁的高度。在时装画中，鼻子属于次要部分，可以画得简单一些。绘制时通过阴影体现鼻梁线条，不宜用粗线勾线。

正面鼻子画法和上色步骤

01　绘制辅助线，两条直线作为鼻梁，两条对称折线作为鼻翼参考线。

02　根据辅助线绘制出鼻梁和鼻翼，然后绘制鼻孔辅助线。

03　绘制鼻孔轮廓。

04　用26#马克笔平涂皮肤底色。

05　用25#马克笔绘制出皮肤暗部、鼻梁的一侧和鼻底。

半侧面鼻子画法和上色步骤

01 绘制辅助线，两条平行线作为鼻梁，由于透视鼻翼大小不同。

02 根据辅助线绘制出鼻梁和鼻翼，然后绘制鼻孔辅助线。

03 绘制鼻孔轮廓。

04 用26#马克笔平涂皮肤底色。

05 用25#马克笔绘制出皮肤暗部、鼻梁和鼻底。

侧面鼻子画法和上色步骤

01 绘制辅助线，大致形状为等腰三角形。

02 根据辅助线绘制出鼻梁和鼻翼，然后绘制鼻孔辅助线。

03 绘制鼻孔轮廓。

04 用26#马克笔平涂皮肤底色。

05 用25#马克笔绘制出皮肤暗部和鼻底阴影。

时装画中其他常用鼻子表现案例

正面俯视　　　正面仰视　　　正侧面仰视　　　3/4侧面仰视　　　3/4侧面仰视
　　　　　　　　　　　　　　　　　　　　　　（仰视角度小）　　（仰视角度大）

◎ 嘴唇

嘴唇是脸部另一个重要的组成部分，眼睛和嘴唇都是脸部绘制的重点，通过不同颜色的嘴唇搭配不同的眼部妆容，是时装画中最常用的表现方法。性感、可爱、脂腆等感觉都可以通过嘴唇的变化来表达。

正面嘴唇画法和上色步骤

01 绘制一个矩形，用十字中线确认唇珠的位置，然后绘制闭合线。注意唇谷线条的起伏形状。

02 继续绘制辅助线，确认唇峰的宽度和下唇底的宽度。嘴型因人而异，案例中的唇峰宽度=1/2下唇底宽度。

03 用26#马克笔平涂嘴唇底色。

04 用红色马克笔填充上下唇，然后用纤维笔绘制出唇纹，注意留出高光。

05 用深一号的红色马克笔细头绘制暗部阴影。

半侧面嘴唇画法和上色步骤

01 绘制一个矩形，根据半侧面透视关系确定唇中线位置，角度不同唇中线的位置也不同。确定唇中线后，绘制闭合线，然后画出唇珠、唇谷曲线。

02 绘制辅助线，确定唇峰的宽度和下唇底的宽度，根据辅助线完善唇部轮廓。

03 用26#马克笔平涂嘴唇底色。

04 用红色马克笔填充上下唇，然后用纤维笔绘制出唇纹，注意留出高光。

05 用深一号红色马克笔细头绘制暗部阴影。

侧面嘴唇画法和上色步骤

01 由于从侧面的角度只能看到嘴唇的一半，侧面轮廓更为明显，嘴唇由上而下呈现出内收的状态，所以绘制一条斜辅助线，然后绘制出唇珠和闭合线。

02 绘制上下唇边线，整体形状类似三角形。

03 用26#马克笔平涂嘴唇底色。

04 用红色马克笔填充上下唇，然后用纤维笔绘制出唇纹，注意留出高光。

05 用深一号的红色马克笔细头绘制暗部阴影。

总结： 嘴唇与眼睛的透视规律类似，在绘制嘴唇时，由于受嘴唇结构的影响，唇中线、唇峰和唇沟的线条可以适当加深，唇边线可以弱化。当非常熟悉嘴唇结构后，在绘制草图时唇边线可以省略，直接上色，这样嘴唇的边缘看起来会更加柔和。绘制嘴唇时，一般上唇较薄，下唇较为饱满。嘴唇的上色手法基本一致，可以举一反三，绘制自己喜爱的嘴唇颜色，只要区分好明暗关系，留出高光即可。

时装画常用嘴唇表现案例

在时装画表现中除了上面学习的3种嘴唇画法外，模特也常习惯以嘴巴微张的方式来表达性感、时尚、张力的感觉。而仰视更能表达出骄傲、帅气感。

| 正面平视张口 | 3/4侧面平视张口 | 正侧面平视张口 | 正面仰视 | 正面俯视张口 |

◎ 耳朵

耳朵在时装画表现中和鼻子一样都是属于次要的，在绘制时只需要表现出大概轮廓即可。

耳朵的透视关系和其他五官不同，耳朵处于头部两侧，当头部是正面的时候，耳朵只看到侧面；而当头部是侧面时，耳朵却处于正面。确认好头部和耳朵的关系后，就可以开始绘制了。

01 绘制耳朵的大概辅助框架，从下图中可以观察到耳朵正面时是最宽大的，耳朵侧面是最窄的。根据辅助线绘制耳朵轮廓。

02 绘制耳朵结构，先绘制耳轮线，再绘制耳屏和耳甲腔。耳朵正面时弧度最大，耳屏面积也最大；半侧面时弧度减小，耳屏减小，耳甲腔弧线大；侧面时耳轮线被耳骨遮盖住一部分，耳屏最窄。

03 完善耳朵结构线，绘制三角窝、耳舟和对耳轮。注意耳朵结构之间的线条弧度变化。

04 用26#马克笔的宽头平涂耳朵底色，留出高光。由于耳朵凹凸明显，因此会留下明显高光。

05 用25#马克笔的细头绘制暗部阴影，然后用棕色纤维笔勾线。

| 01 | 02 | 03 | 04 | 05 |

其他角度耳朵表现案例

| 后侧面平视 | 后面平视 | 侧面俯视 | 后侧面仰视 | 后面俯视 |

2.2.3 头部的画法

头部是结合五官、妆容和发型的一个整体。在时装画中可通过头部造型达到画面统一，使画面更具完整性。

◎ 脸部

脸部正面画法与上色步骤

01 用铅笔起稿。画法参考前文所讲的"三庭五眼"的比例关系。

02 用26#马克笔的宽头平涂一层底色，保留眼白部分。

03 用25#马克笔的细头绘制阴影，包括眉弓、鼻梁、鼻底、颧骨和脖子暗面的阴影。

04 用深一号的肤色加重眉弓、鼻底、颧骨和脖子处的阴影，使其更有层次感。

05 用浅棕色纤维笔勾线，完善眼睛虹膜高光的绘制。

06 用深棕色纤维笔加重眉毛、眼线和下巴等暗部转折的位置。

07 用红色纤维笔绘制嘴唇和眼影，注意留出高光。然后用黑色防水笔勾线，加重暗部轮廓。

08 最后完善头发。然后用高光笔提亮头发、颧骨、鼻梁等突出的位置。

| 01 | 02 | 03 | 04 |
| 05 | 06 | 07 | 08 |

脸部半侧面画法与上色

脸部侧面画法与上色

脸部表现案例

不同色号的马克笔搭配，表现出来的肤色也是不同的，读者可以根据自己想要呈现的肤色来自由搭配。

133#底色
140#阴影

131#底色
133#阴影

131#底色
139#阴影

27#底色
133#阴影

27#底色
29#阴影

E11#底色
E21#阴影

27#底色
25#阴影

132#底色
133#阴影

E00#底色
E11#阴影

26#底色
25#阴影

◎ 妆容

服装画人物，需要有一定的妆容设计，从而更好地衬托出服装的效果。注意，设计的妆容要和服装统一。

日常妆容画法与上色步骤

01 用铅笔起稿。

02 用27#马克笔的宽头绘制皮肤底色，注意眼睛留白。

03 用139#马克笔的细头绘制皮肤暗部的颜色，包括眉弓、鼻梁、鼻底、颧骨和脖子的暗面。

04 用浅棕色纤维笔勾线，确定脸部轮廓，然后绘制眉毛和虹膜的颜色。

05 用深棕色纤维笔强调暗部线条。然后绘制瞳孔颜色，并将眉毛颜色加重，接着用黑色勾线笔确定头部轮廓。

06 用粉色针管笔绘制唇色，注意留出高光。绘制的眼影颜色与唇色要相呼应。

01 02 03

04 05 06

夸张妆容画法与上色步骤

01 用铅笔起稿。

02 用27#马克笔的宽头绘制皮肤底色，注意眼睛留白。

03 用139#马克笔的细头绘制皮肤暗部的颜色，包括眉弓、鼻梁、鼻底、颧骨侧面、脖子和嘴唇的暗面。

04 用浅棕色纤维笔勾线，确定脸部轮廓，然后绘制眉毛。

05 用深棕色纤维笔绘制眉毛，然后用浅粉色马克笔的细头绘制虹膜底色，接着用深红色纤维笔绘制瞳孔的颜色，最后用黑色勾线笔确定头部轮廓。

06 用深红色针管笔绘制唇色，注意留出高光。

07 绘制出浓重的深色眼影，增强眼睫毛的厚重感，让妆容更魅惑。

01　　02　　03　　04

05　　06　　07

妆容表现案例

马克笔时装画表现中，妆容通常多体现在眼妆和唇色上，读者可根据自己的想法绘制妆容，确定瞳孔的颜色，达到画面统一。

2.2.4 发型的画法

发型是人物造型的另一个组成部分。发型需要和人物的整体服饰相协调，起到相互衬托的作用。发型无论对于时装画中的模特，还是现实中的人来说都是很重要的，它可以体现一个人的精神面貌。因此发型的画法也是需要掌握的。

卷发画法与上色步骤

01 用铅笔绘制线稿，把头发整体的大轮廓画出来。

02 沿着发丝走向细分几组头发。

03 擦去多余的线条。由于马克笔的透明性，需要将不需要的线条擦去，避免把画面弄脏。

04 按头发分组的走向绘制头发底色，绘制时注意保留缝隙，头顶和卷发起伏部分要留白。

05 使用对比明显的同色系颜色叠加绘制头发暗部，头发一般只需要叠加2~3层即可达到富有层次感。头发的暗部方向应和脸部暗面一致，靠近脸部、脖子和耳朵处的颜色较深。

06 用同色系针管笔绘制发丝，增强画面细节和体积感，发丝画得越蓬松，体积感越强。

07 用黑色勾线笔勾线，强调头发的大轮廓。

08 用高光笔，强调头发的几条大轮廓，让头发更具光泽感。使用高光笔时不能画太多线条，否则会让画面失去层次感。

01	02	03	04
05	06	07	08

直发画法与上色步骤

01 用铅笔绘制线稿，把头发整体的大轮廓画出来。由于受肩部的支撑，靠近肩部的头发有一定弧度，切忌把头发画得笔直，不然看起来会很呆板。

02 沿着发丝走向把头发分组，擦去多余的线条。

03 按头发分组的走向绘制头发底色，绘制时注意保留缝隙部分的留白。

04 叠加2~3层头发暗部的颜色。靠近脸部、耳朵边上、脖子暗面处的头发颜色最为明显，需要重点强调。

05 用黑色勾线笔勾线，确定头发的大轮廓。

06 用同色系纤维笔绘制发丝，增强体积感。细画发梢，丰富细节。

07 绘制高光，增强光泽感。

01 02 03

04 05 06 07

辫子画法与上色步骤

01 用铅笔绘制线稿，把头发整体的大轮廓画出来。由于头发处于捆绑的状态，会形成块面，辫子体积由大到小递减。

02 加强辫子编发处的发丝线条。

03 沿着辫子的起伏绘制头发底色，注意留出缝隙，辫子起伏处注意留白。

04 绘制头发的暗部阴影，将耳朵、脖子周围的阴影加深，辫子编发处的颜色需要加重强调。

05 用黑色勾线笔勾线，强调编发处的线条。

06 用同色系纤维笔绘制发丝。在辫子轮廓处绘制一些发丝增强辫子的体积感和蓬松感，继续强调编发处的发丝，注意编发处头发的松紧变化。

07 完善头发细节。绘制高光，增强光泽感。

| 01 | 02 | 03 | 04 | 05 | 06 | 07 |

头发表现案例

知识拓展——头部与配饰

头部造型除了五官、发型和妆容外，还可以适当添加一些配饰，使人物更具风格，更具造型感。头部的配饰主要有头巾、耳环、珠宝、项链和眼镜等。在马克笔时装画中，若服装作为主导，那么这些配饰起着辅助作用，在表现的时候可以稍微弱化，省去烦琐的细节，强调服装的表现力。

眼镜和头巾绘制步骤

01 先用铅笔绘制出头部和五官，整体造型为头巾包裹着头部和颈部，注意包裹的形状和颈部的褶皱。然后绘制出眼镜的轮廓。

02 绘制皮肤的颜色，用27#马克笔绘制底色，然后用139#马克笔绘制皮肤的阴影。

03 用纤维笔绘制皮肤轮廓。

04 用黑色勾线笔确定配饰轮廓。

05 绘制头巾上印花的颜色，以及镜框和镜片的颜色。

06 完善妆容，然后绘制镜框和镜片的反光色，接着继续绘制头巾上印花的颜色。

07 用高光笔绘制镜框上的珠饰，完善头巾细节。

08 绘制整体高光，提亮头巾，并表现出眼镜的反光感。

01   02   03   04

05   06   07   08

珠宝首饰绘制步骤

01 先用铅笔起稿，绘制出头部和五官。然后绘制珠宝大致的形状，不需要特别精细，表现出整体造型即可。

02 绘制皮肤的颜色，用27#马克笔绘制底色，然后用139#马克笔绘制皮肤的阴影。

03 用纤维笔绘制皮肤轮廓。

04 用黑色勾线笔确定整体轮廓。

05 用浅色的马克笔绘制底色，绿色为珠宝，黄色为皇冠金属色。

06 用深一号的马克笔叠加珠宝和金属的颜色，采用垂直点点的方式用笔，露出底下的颜色，增强画面的立体感。

07 用最深的绿色以点点的方式用笔，增强珠宝的立体切面感。

08 用浅棕色纤维笔绘制出珠宝的细节。

09 用高光笔绘制珠宝高光，提亮整体光泽。

01

02　　　　03　　　　04　　　　05

06　　　　07　　　　08　　　　09

帽子绘制步骤

01 先用铅笔起稿，绘制出头部和五官。然后绘制帽子的造型轮廓。

02 绘制皮肤的颜色，用27#马克笔绘制底色，然后用139#马克笔绘制皮肤的阴影。

03 用纤维笔绘制皮肤轮廓。

04 用黑色勾线笔确定整体轮廓。

05 用WG5#马克笔绘制帽子底色，然后用WG3#马克笔绘制丝带的阴影。

06 用WG9#马克笔绘制帽子的阴影。

07 用红色纤维笔完善妆容，然后用高光笔提亮高光。

01

02　　　　　　　　03　　　　　　　　04

05　　　　　　　　06　　　　　　　　07

2.2.5 四肢的画法

　　在时装画中，手的动态灵活多变，除了手部的独立造型，通常会搭配包包和手套等配饰道具。脚的动态相对简单，一般都会搭配鞋子，脚被鞋子包裹着。有的人可能会认为，那么我直接学画鞋子就可以了，脚部的画法就不用练习了，这是不对的，只有掌握了脚的基本结构，画出来的鞋子才有规可寻，形态才会有美感。另外，时装画中手臂和腿部的表现是十分重要的，模特整体的造型可以说主要是由四肢支撑的。

◎ 手臂

　　在绘制手臂时，可以把它分为上臂、手肘关节、下臂和手掌4个部分。上臂与下臂比例相等，在绘制时需要注意的是，手臂的线条不能画得太直，不然会显得很僵硬。手臂其实是有微妙的曲线变化的，不妨观察感受一下自己的手臂变化，有助于更好地理解手臂的画法。

手臂画法与上色步骤

01 借助几何体绘制手臂辅助线。注意上臂长与下臂长相等。

02 根据辅助线绘制手臂轮廓，并完善细节，如手指、指甲和肘窝。

03 用马克笔绘制皮肤底色。

04 用深一号的肤色叠加手臂暗部阴影处的颜色。关节转折处的阴影较为明显，需要加深，如手指缝、手腕、手肘、肘窝处。

05 用黑色勾线笔绘制手臂暗部的线条，然后用浅棕色纤维笔绘制手臂受光处的线条，以及手指关节和指甲。

01　　　　02　　　　03　　　　04　　　　05

时装画常用手臂案例

上臂不动

手臂弯曲，
肌肉挤压，
弧线突出

露出
手肘

手腕骨

下臂可随意扭动

手臂弯曲，
内弧线比外
弧线大

肌肉挤压，
弧线突出

托手包手势

自然竖直

正面

侧面

叉腰手势

拿香烟手势

握肩带手势

听电话手势

举手

◎ 手部

在绘制手部时，可以把它分成手背、手指和大拇指3个部分。在时装画中，手指可以适当加长，让手看起来更加修长、纤细。手背和手指长度基本相同，需要重点注意的是，很多人会忽略手背的体积，直接将手指和手背连接起来，没有立体感。拇指的活动范围是相对独立的，所以在绘制时要注意拇指的位置比例。

手部画法与上色步骤

01 绘制手的大概轮廓。

02 绘制辅助线，确定关节的比例。第1节最短，第2节适中，第3节最长。

03 确定手指的宽度比例。小指最瘦小，食指、中指和无名指的宽度差不多。

04 根据辅助线完善关节处的轮廓，然后画出指甲。注意关节处突出的线条。

05 用马克笔绘制皮肤底色。

06 用马克笔绘制皮肤阴影，主要体现在关节处和手指指缝。

07 用黑色勾线笔绘制暗部轮廓，受光处和细节处用浅棕色纤维笔勾线。

01

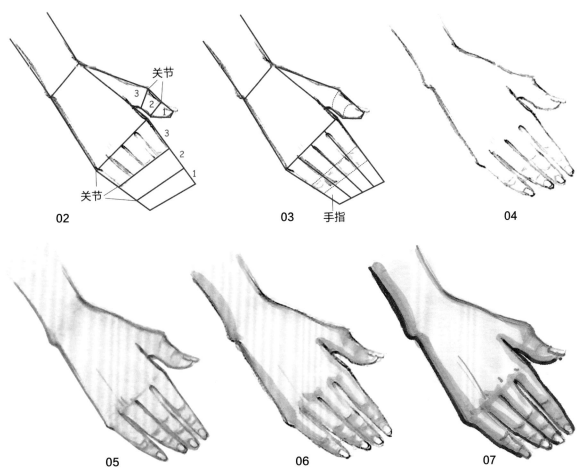

02 03 04

05 06 07

时装画常用手部案例

重点： 需要注意手腕、手背、手掌和手指关节的转折比例关系。

手背可看作一条直线

握拳掌心肌肉饱满

手腕关节

大拇指肌肉相对饱满

叉腰

自然摆动

拎包手势

叉腰握拳

姿势造型

自然摆动

听电话

自然摆动

拿香烟

知识拓展——手部与配饰

手部的配饰主要有包包、手镯、手链、戒指和手套等。在时装画表现中，注意把握包包呈现的角度和拿包的手势。

包包的表现步骤

01 先用铅笔起稿，绘制出包包的轮廓和细小的部件。

02 用黑色勾线笔确定包包的轮廓。

03 用41#马克笔绘制包包的底色和金属扣的颜色，然后绘制织带的颜色。

04 用41#马克笔的宽头以不同切角叠加绘制出鳄鱼皮肌理。

05 用101#马克笔绘制出包包和金属扣的阴影。

06 用高光笔提亮皮包光泽和金属扣的反光。

01 02 03

04 05 06

◎ 腿部

腿部的绘制，可以分成大腿、膝关节、小腿3个部分。在绘制时要注意大腿和小腿的衔接、腿部的曲线，以及关节曲线的凹凸。和手臂一样，大腿和小腿的长度基本相同。腿部的曲线和比例在时装画中占据了重要的作用，不仅能够表现性感，更能拉长比例。

腿部画法与上色步骤

01 借助几何体绘制腿部的辅助线，注意大腿长等于小腿长。

02 根据辅助线绘制腿部轮廓，注意各个关节弧线之间的比例及关系变化。

03 用马克笔绘制皮肤底色。

04 用深一号的肤色叠加出暗部阴影的颜色。关节转折处阴影较为明显，如膝盖窝、脚踝和大腿内外侧。

05 用黑色勾线笔绘制腿部暗部的线条，然后用浅棕色纤维笔绘制腿部受光处的线条。

01 盘骨 大腿 膝关节 小腿 脚踝 脚

02 盘骨弧度 大腿内侧弧度比外侧大 膝盖凹陷弧度 小腿弧度 关节弧度

膝盖窝 脚踝骨

03

04

05

时装画常用腿部形态案例

微抬腿，
大腿透视
略变短

行走腿
部往前，
膝盖高
于弯曲
腿的膝
盖

抬高腿
时大腿
透视变
短

膝盖窝

行走腿部
往后，膝
盖高略低
于或平齐
于弯曲腿
的膝盖

小腿肚
饱满

侧面臀
部曲线
明显

侧面膝盖
关节骨曲
线突出

侧面小
腿肚线
条饱满
突出

微抬腿

高抬腿

行走腿
部往前

行走腿
部往后

后面行
走腿部
往前

后面行
走腿部
往后

侧面抬腿

侧面抬腿

侧面抬腿

◎ 脚部

绘制脚部时，可以把脚分成脚踝、脚背、脚后跟和脚趾4个部分。由于脚支撑着身体重量，脚掌会比较厚实，脚趾较粗。时装画中脚部通常会被鞋子遮盖一部分，掌握好脚部的比例关系，有助于在绘制鞋子时提升美感。绘制脚部时还应注意脚踝和脚后跟的比例关系。

脚部画法与上色步骤

01 借助几何体绘制脚的辅助线。

02 根据辅助线绘制脚的轮廓，完善脚趾的细节线条，注意脚踝的突出曲线。

03 用马克笔绘制皮肤底色。

04 用深一号的肤色叠加出暗部阴影的颜色，如脚趾趾缝、脚背两侧、脚踝的暗面。

05 用黑色勾线笔绘制脚部暗部的线条，然后用浅棕色针管笔绘制趾缝和指甲的细节线条。

时装画常用脚部形态案例

踮脚侧面　　　　踮脚半侧面　　　　踮脚半侧面　　　　踮脚正面　　　　踮脚正面　　　　踮脚背面

平脚正面　　　　平脚半侧面　　　　平脚外侧面　　　　平脚内侧面　　　　平脚背面

知识拓展——脚部与鞋子

　　脚部和鞋子的表现是时装效果图中不可忽视的一部分。鞋子是包裹着脚部的，因此我们绘制时要注意鞋子和脚部的关系。鞋子又分为高跟鞋、靴子、运动鞋、平底鞋和凉鞋等。

脚部与鞋子的绘制步骤

　　01　先用铅笔起稿。本案例中为粗跟的鱼嘴高跟鞋，先绘制脚部形状，再根据脚部绘制鞋子轮廓。

　　02　绘制脚部肤色和皮肤轮廓。

　　03　用黑色勾线笔确定鞋子轮廓。

　　04　绘制鞋子的底色和金属扣的颜色。

　　05　用颜色深一些的马克笔绘制鞋子的阴影。本案例中的鞋子为天鹅绒材质，因此用0#马克笔刷了一层颜色来表现质感。

　　06　用高光笔绘制出鞋子金属扣上的珠饰，提亮整体光泽。

01

02

03 04 05 06

脚部与鞋子表现案例

2.3 人体动态与节奏

　　时装画人物的基本形态可归纳为静态和动态两种。静态人物的重心及中心线基本水平对称，各大关节的节奏微妙而含蓄。动态人物重心偏移，各部位的动作较大，节奏感强，灵活多变，躯干多为各种S形，能够展现女性人体的美感，由于动作大，因而在绘制时要注意透视关系和重心变化。

2.3.1 体块

　　在一定程度上，身体的动态取决于躯干的动态。在绘制躯干时，可以简单地把它分成胸腔和盆腔两个部分。将其看作两个梯形体，两大体块间有一定距离，由脊柱支撑。

　　在确定身体躯干时，主要是确定肩线和腰线。肩线和腰线主要有静态和动态两种形态体现，静态时肩线和腰线为平行状态；动态时肩线和腰线为相交状态，动态时由于身体一侧收紧，则另一侧会拉伸。

2.3.2 重心

　　重心是衡量人体平衡的基准。在不受外力影响的情况下，依靠躯干运动的重力和四肢的支撑力达到平衡的状态。在绘制时可以用重心线来衡量人体的重心，以锁骨中点为基点的垂直线为重心线。静止站立时，人体重量平均分布在两腿上，体块达到平衡，此时重心在两脚之间。行走时，一条腿承受身体的重量，另一条腿处于放松状态，此时重心线处于支撑腿的脚踝上或脚踝附近。

　　静止站立时，重心线和人体中心线重合。行走时，重心线在人体中心线附近。倚靠时，受外力作用，重心线完全偏离人体中心线。

2.3.3 时装画中不同人体动态的表现

　　绘制时装画时，设计师不用像漫画师那样绘制透视感很强、非常夸张的动态，只需要掌握常用的人体动态即可展现服装。站姿和走姿是最常用也是最基本的人体动态，插画师还可以根据服装特点，结合坐姿、倚靠、躺姿等动态进行服装展现。

◎ 站姿

　　站姿是时装画中最常用的动态之一，它能最直观地展现服装的整体效果。站姿有很多不同的动态造型，可以通过各种姿势展现服装的特点。

站姿绘制步骤

01 先绘制一条重心线，并将其平均分成9份，然后绘制肩线、腰线和臀围线的辅助线。

02 根据辅助线确定胸腔和盆腔的关系，然后绘制躯干轮廓。

03 绘制一条动态参考线，根据参考线绘制重心所在的那条腿和脚。

04 确定了脚部重心后，根据姿势造型，绘制另一条辅助受力腿，以及手臂和手。

05 完善躯干参考线。

时装画常用站姿动态

站姿街拍表现案例

◎ 走姿

行走时，胯部的摆动尤其明显，要注意把握重心。此时，重心主要落在一只脚上，另一只脚起辅助作用。展示服装时，服装有一部分会被遮挡，但相对于站姿更显生动。

走姿绘制步骤

01 先绘制一条重心线，并将其平均分成9份，然后绘制肩线、腰线和臀围线的辅助线。

02 根据辅助线确定胸腔和盆腔的关系，然后绘制躯干轮廓。

03 绘制一条动态参考线，根据参考线绘制重心所在的那条腿和脚。

04 确定了脚部重心后，根据姿势造型，绘制另一条辅助受力腿。由于行走时膝盖弯曲、脚抬起，注意绘制时的透视关系。然后完善手臂和手。

05 完善躯干参考线。

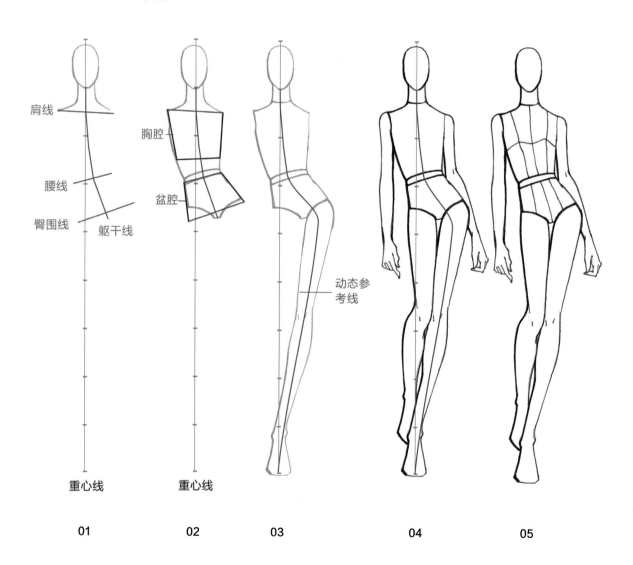

肩线 腰线 臀围线 躯干线 重心线
胸腔 盆腔 重心线
动态参考线

01　　02　　03　　04　　05

时装画常用走姿动态

走姿成衣表现案例　　　　　　　　　走姿礼服表现案例

走姿街拍表现案例

◎ 其他动态

坐姿、躺姿、倚靠和跪姿等动作较大的动态，多运用于时尚插画。由于肢体动作变化较大，造型较夸张，不利于展示服装，所以在时装效果图中运用较少。但在时尚插画表现中运用十分广泛，夸张的动作展现视觉冲击力强，张力十足。绘制此类动态时要注意身体与四肢的前后摆放关系，对透视比例的把握要求更高。为了更好地掌握这类动态，可以参考摄影、广告或时尚大片中的姿势动作。

坐姿绘制步骤

在时装画绘制中，坐姿一般为6~7个头长，根据动态的造型而定。坐姿主要用于展示腿和脚的部分，适用于展示下肢动态、下摆细节和鞋子等。

01　先绘制一条重心线，本案例中为7头身，所以将重心线平均分成7份，然后绘制肩线、腰线和臀围线的辅助线。

02　根据辅助线确定胸腔和盆腔的关系，注意透视和侧面体积的厚度，然后绘制躯干轮廓。

03　擦去辅助线。由于坐姿受外力作用，可绘制一条动态参考线，完善腿和脚的绘制。

04　确定了重心后，根据姿势造型，绘制手臂和手。

05　完善躯干参考线。

躺姿绘制步骤

躺姿的重心比例相当于2~3个头长，横向比例参考站立时的长度比例。躺姿线条柔美，姿态性感，适合展示有性感元素的泳装或其他个性服装。

01　先绘制一条重心线，将其平均分成两份，然后绘制肩线、腰线和臀围线的辅助线。

02　根据辅助线确定胸腔和盆腔的关系，注意表现上身扭动时侧面的体积感，然后根据辅助线绘制躯干轮廓。

03　绘制一条动态参考线，根据参考线绘制重心所在的那条腿和脚。

04 确定了重心后，根据姿势造型，绘制另一条辅助受力腿，绘制时注意透视关系。然后完善手臂和手。

05 完善躯干参考线。

倚靠姿势绘制步骤

倚靠的动态也是很常见的，倚靠又分站立倚靠、坐姿倚靠和躺姿倚靠。因此比例多变，具体可参考站立、坐姿和躺姿的比例。倚靠的动态常用于摄影，适用于展现侧面或半侧面的服装效果。

01 先绘制一条重心线，将其平均分成7份，然后绘制肩线、腰线和臀围线的辅助线。

02 根据辅助线确定胸腔和盆腔的关系，注意表现上身扭动时侧面的体积感，然后根据辅助线绘制躯干轮廓。

03 绘制一条动态参考线，根据参考线绘制腿部。由于受外力作用，重心主要分布在背部和肚脐处。

04 确定了重心后，根据姿势造型，绘制手臂和手。

05 完善躯干参考线。

跪姿绘制步骤

跪姿的比例可参考站姿膝盖以上的比例关系，跪姿一般为5~6个头长。跪姿多展现沙滩泳装、舞台音乐造型等。

01 先绘制一条重心线，将其平均分成6份，然后绘制肩线、腰线和臀围线的辅助线。

02 根据辅助线确定胸腔和盆腔的关系，注意表现上身扭动时侧面的体积感，然后根据辅助线绘制躯干轮廓。

03 绘制一条动态参考线，根据参考线绘制重心所在的腿。跪姿主要受力的是膝盖。

04 确定了重心后，根据姿势造型，绘制另一条辅助受力腿，绘制时注意透视关系。然后完善手臂和手。

05 完善躯干参考线。

时尚插画常用动态

03

时装款式
基础与构成

通过第2章的学习，相信大家已经掌握了时装画人体绘制的知识和技巧。想要快速表现服装效果图，画好时装画，还需要掌握人体和服装之间的关系，掌握时装款式的基础知识，才能更准确地把握需要展现的服装。服装款式是基于人体穿着效果而设计的，款式廓形、款式各个组成部件、部件的细节等环环相扣，从而形成服装的最终效果。

3.1 从整体到细节

在绘制时，必须从整体出发，先把大轮廓描绘出来，再绘制其中的细节。如果一开始就围绕细节，可能在绘制时觉得没问题，当绘制完整个画面之后再看，总觉得很奇怪，感觉很别扭，造成整体画面失调。如果找不出原因，不妨用手机拍照，然后再观察，这种观察方法可以看出画面中存在的问题。这就是从整体出发的重要性，从整体看，不但可以奠定画面效果，还能直观观察整体感觉。

3.1.1 服装与人体的关系

服装依附在人体的基础之上，所以我们绘制时需要了解服装和人体之间的关系。紧身的服装几乎紧贴人体，服装和人体间的空隙小，但活动却相对自由。宽大的服装和人体之间有很多的活动空间，表现出来的服装应该是有膨胀感的，但活动却受到阻碍。

紧身的服装虽然贴身，但并非完全贴合人体，人体和服装之间还是有少许空间的。
宽大的服装除了肩部支撑点较为合体，人体其他部分和服装之间有很大的空间。

3.1.2 服装廓形与线条

　　服装的廓形主要以A、H、X、T和O这5大类为主，还有S、Y和V等服装造型轮廓。各类型依照服装外观形状命名。

　　A型的特点是肩部合体，不收腰，下摆扩大。下装则收紧腰部，扩大下摆，视觉上为上窄下宽。线条以弧线为主，展现活泼、优雅、浪漫的女性特质。服装款式多为喇叭裤和A形裙等。

　　H型的特点是以肩部为受力点，不强调胸围、腰围、臀围的曲线线条。H型主要以直线为主，突出干练、严谨、庄重和中性等风格。服装款式多为直筒裙和直筒型外套等。

　　X型的特点为夸张肩部，收紧腰部，扩大底摆。以腰部收紧为重点，线条以曲线为主，体现女性优雅的气质，是时尚圈永不过时的"廓形之王"。服装款式主要以连衣裙为主。

　　T型的特点为肩部夸张，下摆内收，形成上宽下窄的效果。线条以斜线为主，体现出洒脱、简约的男性气息，多用于男装设计或表演装。

　　O型的特点是腰部夸张肥大，肩部合体，下摆收紧，线条主要以圆弧线为主，是一种休闲、舒适、随意的造型。O型多用于创意服装设计，如孕妇装和哈伦裤等。

A型　　　　H型　　　　X型　　　　T型　　　　O型

　　S型相对于X型更加强调女性曼妙的身姿曲线，胸围、腰围、臀围都处于合体紧身状态，线条以曲线为主，给人高贵性感的感觉。典雅销魂的S型多用于礼服设计或泳装设计。

　　Y型与T型类似，但Y型更加倾向女性设计。同样强调肩部造型的夸张，下半身呈合体紧身状态，线条以斜线和直线为主，体现简约、帅气，多用于套装设计。

　　V型是T型的夸张版，上宽下窄，线条以斜线为主。V型给人干练、威严的感觉，多用于创意服装设计。

　　立体造型变化多样，廓形无拘无束，天马行空，手法多变，线条多变，极具创意。立体造型的服装具有张力、震撼感，多用于创意服装设计。

S型　　　　Y型　　　　V型　　　　立体造型

3.1.3 服装的比例关系

服装的比例关系是指服装的整体搭配所体现的长度和宽度的关系，简单说就是怎么穿能"显瘦显高"。服装和人体之间的比例关系变化多样，同样的服装，不同身材的人穿着效果是不同的，不能以偏概全。以下内容是帮助大家理解服装的比例关系，也是一些穿搭心得的总结，不但适用于模特，也适用于日常穿着参考。

◎ 腰线

单件服装穿搭，服装与人体间的比例主要由腰线的高低决定，最佳的腰线位置是腰围线往上2cm处。视觉上能拉伸腿部比例。

腰线对比

①腰线越底越显腿短，显矮，略显肥胖。

②正常腰线的设计，体现人体最自然的状态。

③正常腰线提高2cm显腿长，自然、显高。

④没有腰线分割的服装，腰身有收腰，同样能达到显瘦的效果，视觉上高度略逊于有高腰线的服装。

⑤没有腰线分割也没有收腰的服装，会略显平板臃肿。设计师在处理这种版型时，多会采用图案的效果来打破视觉，从而达到显瘦的效果。

NO	YES	BETTER	YES	NOT BAD
腰线低	正常腰	腰线高	收腰无分割	宽松无分割
①	②	③	④	⑤

◎ 层次

多件服装穿搭的层次感，主要由内外服装穿搭所体现的腰线、底摆长短决定。内外穿搭时服装线条的高低搭配至关重要，绘制时应注意外搭服装的厚度。

层次对比

①内搭没有腰线，略显单调，可以穿着有图案的内搭打破沉闷感；内搭长度和外搭落差恰当，有修饰腿长的作用。

②内搭有腰线，可以明确区分身材比例，视觉上能很好地起到拉伸作用，比起①更显高挑。

③内搭虽然有收腰，但裙长和外套长度相同，显得臀部臃肿厚重，没有层次感。

④内搭和外搭落差长度不协调，没有拉伸效果。

⑤内搭和外搭落差比例协调，富有明显节奏感和层次感。

◎ 长度

除了正确的腰线位置能拉伸腿部比例，选择合适长度的服装款式也能起到拉伸身体比例的效果。

长度对比

①裤子长度到鞋面，裤子在视觉上被拉长。

②裤子长度到脚踝上，打破裤子全部包裹皮肤的沉闷感，适度露出皮肤可以很好地增添层次感。

③裤子长度到膝下，略显腿短，小腿肚显得臃肿。

④裤子长度到膝上，略显大腿肥壮，显得腿短。

⑤裤子长度到大腿，很好地拉伸腿部线条，更显高挑。

长裤	9分裤	7分裤	5分裤	短裤
①	②	③	④	⑤

3.2　服装款式局部表现

如果将衣服看作一个整体，那么这件衣服是由众多部件组成的，而每一个部件又由不一样的工艺或零件组成。服装的部件主要有领子、袖子、门襟和口袋等，而各个部件又可以由珠饰、线迹、镶钉和镂空等工艺零件组成，它们相互作用，最后组成一件完整的服装。

要画好时装画中的服装表现，首先要对各个部件有个基本认识，这样才能提高绘制的准确性，对设计也有很大的帮助。

3.2.1　领子

领子介绍

领子处于脖子四周，在一定程度上能衬托脸型，展现人们的精神面貌。领子主要分为无领型领和有领型领两大类。

无领型领是前后领窝线上没有领子，主要通过领口形状的变化而变化，如圆领、V领、一字领和方形领等；有领型领是缝合在前后领窝线上的造型领子，如立领、衬衫领、枪驳领、翻领和褶边领等。

在绘制领子时，主要注意脖子和领子之间的空间关系。有领型领和脖子有一定空间，注意领子高度。

圆领	V领	立领	翻领
衬衫领	打结领	高堆领	高领
西装领	大衣领	蝴蝶结领	褶边领

领子绘制

01 根据脖子的位置，用铅笔绘制领口弧线，可将脖子视为圆柱，线条呈弧线。根据领子设计，确定领高，绘制领面斜线。

02 继续用铅笔完善领面绘制，绘制领角，然后确定门襟开口线。

03 根据自定光源，用黑色勾线笔勾线，背光面线条略粗，受光面线条略细，注意线条的变化。

04 绘制领子底色，注意领面受光处留白。

05 绘制领子暗部，受脖子阻挡一侧的领面略暗，领口边缘和领底形成阴影，领底可适当加重。

06 用高光笔提亮领边，使领子更立体。

01　　　　02　　　　03

暗

暗

暗

提亮

提亮

04　　　　　　**05**　　　　　　**06**

领子赏析

外套和脖子间
有一定空隙

衬衫领

大衣领

翻领

圆领

OFF

高领

BLUE

花边领

由花边组合
成的领子

衬衫领

衬衫领

翻驳领

翻领

打结领

蝴蝶结领

3.2.2 袖子

袖子介绍

袖子是服装部件中面积最大的部件。袖子的形态可以变化出很多袖型,袖型在一定程度上决定着服装的廓形。袖子与肩部有着密切关系,设计袖子时要考虑肩部形态,如正常的肩缝袖形成自然肩型,插肩袖形成圆滑肩型,落肩袖形成平顺肩型,叠加垫肩的西装袖则形成挺括肩型,除此之外还有无肩缝的连身蝙蝠袖。

无袖　　　正常肩袖　　　落肩袖　　　插肩袖　　　垫肩袖　　　连身袖

绘制时注意袖子与手臂的空间关系。袖子包裹着手臂,而手臂可以视作圆柱,因此绘制时要注意绘制出圆柱的体积感。如紧身袖基本贴合手臂,喇叭袖袖口宽大,束口袖袖口贴合,羊腿袖肩部空间大应绘制出体积感。只要把握好空间关系,即可绘制出具有体积感的袖型。

紧身袖　　合体两片袖　　喇叭袖　　螺纹束口袖　　直筒袖　　灯笼袖　　褶边袖　　羊腿袖

袖子绘制

01 根据手臂的活动位置,用铅笔绘制袖子弧线。手臂弯曲形成挤压褶,本案例中的面料为较硬挺的材质,因此褶皱较少,弧度较高。

02 根据自定光源,用黑色勾线笔勾线,背光面线条略粗,受光面线条略细,注意线条的变化。

03 绘制袖子底色,注意袖子和褶皱的受光处留白。

04 绘制袖子暗部,袖子内侧和褶皱转折凹陷处的阴影较为明显。

05 用高光笔提亮袖子,使袖子更立体。

肩缝

挤压褶

袖口

01

暗 暗

02

留白

暗 留白

03

暗 暗 暗

04

提亮

05

袖子赏析

开衩长袖

立体褶袖

荷叶边袖

喇叭荷叶边袖

束口袖

灯笼袖

镂空褶边袖

抽褶袖

复合羊腿袖

3.2.3 门襟

门襟介绍

　　门襟是为服装的穿脱方便而设计的一种结构形式，服装的门襟形式多样，主要分为对襟、叠襟、不对称门襟和暗门襟4类。门襟可通过扣子、拉链和对扣等零件闭合起来。除对襟外，需要注意门襟的重叠量。除了门襟功能性，它在设计上也是不可忽略的，门襟和下摆的关系明显，通常设计师会将两者一同考量，结合褶边、包边和辑线等工艺手法进行设计。

对襟	叠襟	不对称门襟	暗门襟
左右片无重叠	左右片交叠	左右片不对称	左右片重叠，纽扣隐藏其中

门襟绘制

01 用铅笔绘制门襟开口线，然后绘制扣子。

02 根据自定光源，用黑色勾线笔勾线。

03 绘制门襟底色，注意留出高光，扣子留白。

04 用马克笔的细头绘制门襟和扣子周围的阴影。

05 用黑色纤维笔绘制门襟线迹。

06 用高光笔提亮门襟线和扣子。

拉链式对襟

对襟

抽褶式对襟

叠襟荷叶边

不对称门襟

叠襟

叠襟

暗门襟

3.2.4 口袋

口袋介绍

口袋以功能性为主，再考虑袋型设计。按结构分，口袋主要有贴袋、插袋和开袋。

贴袋是直接在衣服表面用车缝明线做成的口袋，亦可手缝暗线，表面看不到缝合线迹。如常见的牛仔裤后口袋，大衣两侧的口袋等。

插袋是在衣身前后片缝合处，留出袋口的隐蔽性口袋。如裤子侧缝口袋等。

开袋指袋口由切开衣身缝合袋唇，袋布放在衣服里面的口袋。如常见的西装上口袋和西裤后口袋等。

贴袋　　　　　　　　　插袋　　　　　　　　　开袋

口袋绘制

01 用铅笔绘制口袋轮廓。

02 根据自定光源，用黑色勾线笔绘制袋边暗部和袋盖底线，受光部线条保留铅笔痕迹。

03 用马克笔绘制口袋底色，注意留出高光，扣子留白。

04 用马克笔绘制扣子四周，以及袋边和袋盖底部的阴影。

05 用黑色纤维笔绘制口袋线迹。

06 用高光笔提亮口袋转折处和袋边，增强立体感。

口袋赏析

表袋

插袋

贴袋

手巾袋

袋鼠兜

开袋

包边贴袋

袋盖

插袋

拉链贴袋

3.2.5 局部组合服装表现

当熟悉了局部部件后，则可以将任意部件设计到服装中。注意要合理安排部件位置，以及部件与部件之间的距离关系。

01 用铅笔绘制服装轮廓线。

02 用铅笔完善服装局部和细节，如纽扣、口袋和线迹线。然后完善褶皱绘制。

03 自定光源方向，然后用黑色的勾线笔勾线，背光部线条加重，受光部线条略细，细小部件保留铅笔痕迹。

04 用10#马克笔以平涂的方式绘制服装底色，受光部留白。注意不能涂得太密实，要保留缝隙。

05 用4#马克笔绘制服装暗部，可以用原来的颜色叠加绘制，或选用对比明显的同色系颜色绘制。

06 用黑色纤维笔勾勒细小部件的线条和线迹。

07 用高光笔提亮边缘，增加立体感。

01　　　　　　　02　　　　　　　03　　　　　　　04

05　　　　　　　06　　　　　　　07

3.3 服装款式细节表现

掌握了服装部件的廓形和绘制方法后，此时可通过镶钉、珠饰、镂空、线迹和绣花等不同的工艺表现使得服装局部更具细节，更有设计感。在时装画表现中细节表现能使画面更具层次，达到更高的完成度。

3.3.1 镶钉

镶钉主要是通过排列方式，对钉进行加工固定的工艺。钉一般以金属为主，有很多形状，如圆锥形的铆钉，多角切面的金属钉，半圆的金属珠钉等。镶钉工艺能展现很强的立体感，在光照下不同的切角散发出闪耀的华丽感。

绘制时装画时，数量多的钻钉不需要每一颗都绘制得十分详细，要注意主次分明，只需要强调关键部位即可，其他部分采用辅助绘制，这样能拉开空间层次感。

镶钉绘制

01 用铅笔绘制服装轮廓线。

02 用黑色勾线笔勾勒服装轮廓，然后完善皮肤颜色。

03 用107#马克笔的细头以垂直点点的方式用笔，注意控制用笔压力，使金属钉的距离和大小都保持均匀。

04 用100#马克笔的细头以垂直点点的方式用笔，点出金属钉的反光色，增加金属钉的层次感。

05 用黑色针管笔绘制金属钉轮廓，只需绘制出背光处的半圆即可。

06 最后绘制出服装暗部，并用高光笔提亮金属钉。

01　　　　　　　　　02　　　　　　　　　03

04　　　　　　　　　05　　　　　　　　　06

绘制细节

①绘制服装底色。

②绘制金属钉。

③绘制金属钉的反光色。

④绘制金属钉轮廓。

⑤绘制高光。

①　②　③　④　⑤

镶钉赏析

星星钉

扁圆形钉

立体圆球钉

鸡眼钉

3.3.2 珠饰

珠饰主要以不同颜色、不同大小和不同形状的珠子和珠片为主。珠子为穿孔式立体的球体、圆柱和四方体等形状；珠片为穿孔式扁平的圆形、三角形、菱形和花朵等细片。当密集的珠片组合缝在一起，层层重叠，能体现强烈的层次感和立体感。珠饰能透过光照折射出不同色彩的光。华丽隆重的珠饰，常用于婚纱、晚礼服和各类服装图案组合等。

绘制珠饰时，不需要将每一颗珠子都绘制得很详细，这样非常耗时，主要是把握珠子的大小和距离，以及颜色的深浅。用高光笔能很好地展现出珠饰的立体感。

珠饰绘制

01　用铅笔绘制服装轮廓线。

02　用黑色勾线笔勾勒服装轮廓，然后完善皮肤颜色。

03　用10#马克笔的斜头绘制服装底色，注意留出高光。

04　用1#马克笔的细头以垂直的方式用笔，用不同的压力点点。注意点的疏密不能太平均，要较随意的分布。

05　用4#马克笔的细头继续垂直点点，增强珠饰的层次和阴影。

06　用黑色和深红色纤维笔，以同样的方式用笔。纤维笔画出的点比较细小，让珠饰的大小对比更强烈。任意分布用笔，注意服装暗部的地方点较为密集，服装边缘处的点可以稍微超出边界一些，体现珠饰的立体感。

07　用高光笔提亮服装轮廓，用垂直点点提亮珠饰，增加立体感。

绘制细节

①绘制服装底色。

②用马克笔细头绘制深色的点。

③用马克笔细头绘制浅色的点。

④用不同深浅的纤维笔绘制点。

⑤用高光笔绘制高光点。

① ② ③ ④ ⑤

珠饰赏析

珠子图案

珠子图案排列

珠片

珠子

珠子图案

珠链条

3.3.3 线迹

线迹除了有缝合的功能外，还极具装饰性，可通过调整针距，线的粗细、颜色、数量和材质等手法来实现。如常见的牛仔类服装，将大量的线迹功能与装饰相结合；又如极简主义风格的服装常常通过简单的版型加几道线迹来体现细节感。

绘制线迹时，需要借助针管笔或纤维笔来辅助绘制。绘制大量的线迹时，无需借助尺子，否则会变得僵硬呆板。绘制时只需根据辅助线，大致控制线迹大小、长度、距离即可。

线迹绘制

01 用铅笔绘制服装线稿。

02 用黑色勾线笔勾勒服装廓形，保留铅笔痕迹，然后完善肤色。

03 用9#马克笔的斜头绘制服装底色，注意留出高光。

04 用8#马克笔的斜头绘制服装阴影，然后用5#马克笔的细头勾勒服装的配色线条。

05 用红色针管笔绘制线迹。先完善细节线条，然后绘制线迹，绘制时不用过于纠结线迹大小、距离是否一致，整体上保持线距、大小一样即可。

06 完善服装线迹。

07 用高光笔提亮服装轮廓。

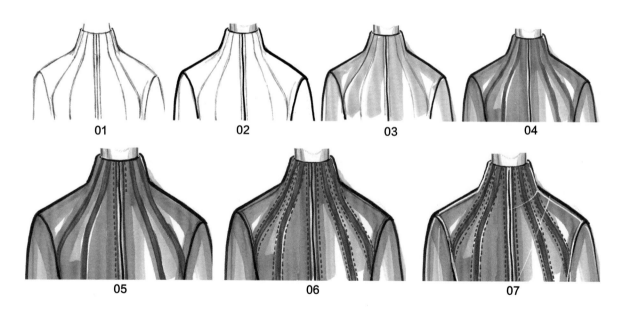

绘制细节

①绘制服装底色。

②绘制服装暗部和配色线条。

③绘制服装线迹。

④完善线迹

⑤绘制高光。

线迹赏析

细针距线迹

手缝线迹

3.3.4 镂空

镂空分为两种：一种为工艺镂空，如激光镂空、纸样结构镂空等；另一种为织物镂空，如蕾丝、花边等。

相比直接露出大片肌肤的性感，半遮半露的镂空效果更具神秘的美感，又能恰到好处地展现出完美身段。具有丰富肌理感的花纹类织物不适合繁复的造型，选择简单的廓形或局部展现即可。

绘制镂空设计时，先绘制肤色，被遮盖的地方肤色略深，再勾勒镂空花纹。在时装画快速表现中，对于一些细小的花纹，可以直接用短直线、弧线和点表现大致的花纹。

镂空绘制

01 用铅笔绘制服装线稿。

02 由于蕾丝面料镂空会露出肤色，所以要先用26#马克笔绘制肤色。

03 用25#马克笔绘制皮肤阴影，注意被蕾丝覆盖的部分要加重皮肤颜色。

04 先用铅笔轻轻描出蕾丝纹理的大致形状，然后用高光笔绘制蕾丝纹理。本案例中为白色蕾丝，如果是其他颜色的蕾丝，可以用不同颜色的针管笔绘制。

05 用高光笔根据铅笔形状完善蕾丝花纹的绘制。注意左右两边花纹的对称，把握主要花型的大致形状即可，细小图案不必过于纠结。

06 用肉色纤维笔，绘制蕾丝的阴影，使蕾丝更具层次感。

07 用黑色勾线笔大致勾勒蕾丝的轮廓，然后用高光笔提亮皮肤。

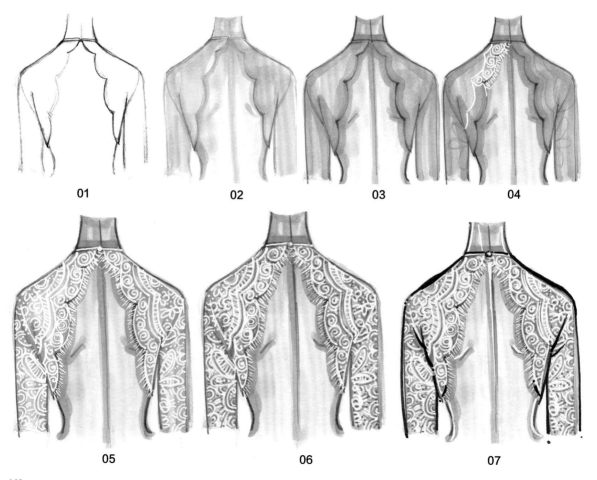

01   02   03   04

05   06   07

绘制细节

①绘制肤色。

②用铅笔绘制花纹的大概形状。

③完善花纹。

④绘制镂空肤色。

⑤勾勒轮廓。

① ② ③ ④ ⑤

镂空赏析

网格镂空

绣花镂空

规则图
案镂空

激光镂空

水溶镂空

条纹镂空

针织镂空

编织镂空

结构镂空

3.4 服装褶皱的表现

　　服装褶皱是受服装结构和人体穿着状态的影响产生的，褶皱随着动作的变化而变化。褶皱主要分为自然褶皱和人工褶皱两种。除了人体活动会产生褶皱，还可以通过工艺手段形成工艺褶皱。用马克笔表现褶皱时避免面面俱到，只需表现出主线条、褶皱的走向和形态即可，避免呆板、生硬。不同的服装款式，表现出来的褶皱大同小异，规律都是一样的，不需要每次绘制时都找图片参考褶皱的画法，只要掌握褶皱的形成规律并加以练习，就可将其运用到各种服装效果图表现中。

3.4.1 褶皱的产生与方向

　　要学会想象褶皱的状态，褶皱受到重力和人体支撑力的影响。人体运动所产生的褶皱都是有一定规律的，主要由竖褶和横褶组合而成。面料的材质也是影响褶皱形成的重要因素，面料越厚，产生的褶皱越少，褶皱越清晰分明，弧度越平滑；面料越薄，产生的褶皱越多，褶皱越繁复缭乱，弧度越大。

　　一般的皱褶主要集中在人体关节弯曲处，如肘部弯曲时，衣服受到挤压，皱褶多呈放射扩散状，而肘关节外部的衣服会因为拉扯而紧贴肢体，呈紧绷状态，此处服装褶皱形成一疏一密、一松一紧的状态。

竖向　　　　　　　　　　　　　横向

3.4.2 不同褶皱的表现

垂褶：褶皱受重力作用，自然下坠。常用于表现垂感面料。
悬垂褶：由两端点垂坠形成的褶皱，两端发散。常表现在披肩、围巾等服装款式上。
堆积褶：面料垂坠叠加堆积。常表现在裤脚、袖口、腰部关节等位置。

垂褶　　　　　　　　　悬垂褶　　　　　　　　　堆积褶

聚集褶：类似于抽褶，褶皱聚集于一处。常出现在束腰、束袖等工艺细节处理中。

拉伸褶：受一端点拉伸产生的褶皱，由密集往四周发散。常出现在抬手或抬腿时产生的褶皱。

挤压褶：关节弯曲，受一端点挤压，聚集堆积在一起，由密集往四周发散。常出现在人体行走、人体活动中产生的褶皱，如袖肘、膝关节处。

聚集褶　　　　　　　拉伸褶　　　　　　挤压褶

◎ 上衣褶皱分析

人体上半身手部活动较大，形成的褶皱多样，抬起手时形成具有张力的拉伸褶，盘手于胸前时形成拉伸的聚集褶。半束下摆或工艺抽绳设计形成密集的聚集褶。绘制时，要注意褶皱的疏密，要学会取舍，去掉烦琐的细小褶皱，保留主要褶纹和辅助褶纹即可。勾线时只需要勾勒主要褶纹、辅助褶纹，可以保留铅笔痕迹。

挤压褶 手肘弯曲挤压，形成自然弯曲的挤压褶

堆积褶 手臂弯曲插袋，形成上下支撑的堆积褶

垂褶 手臂自然垂下，形成自然垂褶

聚集垂褶 腰部半束身，形成聚集垂褶

拉伸褶 两手抬起，两手肘与腰部成三角状，形成具有张力的拉伸褶

聚集褶 腰部打结设计，使得面料拉扯形成聚集褶

挤压褶 手肘弯曲挤压，形成自然弯曲的挤压褶

拉伸褶 腰部交叉设计，形成拉伸褶

聚集褶 受打结的作用，出现拉伸的聚集褶

聚集褶 腰部抽绳设计，出现密集的拉伸聚集褶

◎ 外套褶皱分析

外套主要以较厚的面料为主，一般人体活动幅度较小时，外套产生的褶皱较少，出现的褶皱比较清晰、明确。绘制时注意弧度平滑，突出面料的体积感。

宽大的灯笼袖袖口收口，自然垂下形成垂褶
垂褶

腰部收腰，袖口收紧，面料较厚，形成厚重聚集褶
聚集褶

聚集褶
车缝工艺把无弹的面料与高弹的下摆螺纹缝合，形成密集聚集褶

挤压褶
手肘弯曲，面料较厚，形成厚重清晰的堆积挤压褶

垂褶
宽摆厚重的毛呢面料，自然垂下形成厚重垂褶

弧线裁剪自然垂下形成垂褶
垂褶

挤压褶
手肘弯曲，面料较厚，形成厚重清晰的堆积挤压褶

集束褶
腰带收腰，面料较厚，形成厚重聚集褶

宽大的肥袖袖口收口，面料较硬挺，形成明显的垂褶
垂褶

挤压褶

集束褶

轻薄面料垂坠重叠形成的堆积褶
堆积褶

垂褶
轻薄面料自然垂坠形成的垂褶

◎ 裙子褶皱分析

　　裙子的褶皱较为丰富，除了自然形成的褶皱，还有通过机器或手工形成的工艺褶。在绘制时，注意把握裙褶的大致形状，再进行细化，千万不能一开始就细化褶皱而忽略了整体的裙褶。束腰裙常出现聚集褶，面料越薄褶皱越密集。宽度较大的下摆常出现不规则的垂褶，下摆越大褶皱越多，面料越薄褶皱越多。采用抽褶工艺的面料通常较薄，褶皱密集，绘制时注意疏密排列，否则容易造成画面凌乱。

挤压褶
胯关节弯曲，
形成挤压褶

聚集褶
金属环穿缩面料，
堆积挤压形成密集的聚集褶

通过弧线裁剪，面料
自然垂下形成垂褶

垂褶

聚集褶
通过缝合工艺
将多余面料抽缩，形成聚集褶

挤压褶
手肘弯曲，
形成挤压褶

聚集褶
袖口松紧收口
形成聚集褶

垂褶
宽大的下摆受重力
自然垂下形成垂褶

手摺工字褶成
规则的褶皱
褶裥褶

堆积褶
宽松的廓型受
到手部支撑，
形成堆积聚集褶

聚集褶
腰带收紧，形成密集的聚集褶

垂褶
宽松的廓型形成自然垂褶

垂吊褶
裙摆结构设
计形成垂吊褶

垂褶
宽松的弧形剪裁，
形成自然垂褶

◎ 裤子褶皱分析

　　受人体结构影响，裤裆处的褶皱呈发散状，形成自然挤压褶。紧身的裤子会紧紧包裹着皮肤，褶皱主要表现在关节处，适当绘制出挤压碎褶即可，线条不宜过粗。宽大的裤子会形成自然垂褶，褶皱需要表现出垂坠感，线条流畅，注意弧线的粗细变化。

拉伸挤压褶
裤裆处容易形成挤压褶，受紧身裤拉扯，形成拉伸的挤压褶

挤压褶

挤压褶
膝盖弯曲，容易形成挤压褶

挤压褶

紧身裤包裹着小腿，只形成细小碎褶，在绘制时可以忽略

垂褶
宽松裤型形成垂褶

挤压堆积褶
宽松裤型膝关节处的布料叠加起来形成挤压的堆积褶

挤压褶

挤压褶

垂褶
宽松裤型形成垂褶

挤压褶

垂褶

集聚褶
束脚裤形成垂坠聚集褶

垂褶

04

时装款式
的绘制表现

随着社会的进步与发展，服装款式也快速变化。如在风格上，从过去的传统到今天的前卫；又如将过去的怀旧复古风格结合现代感的服装风格，推陈出新，达到款式风格的创新。在面料上，如今的面料各种各样，同时各种新的工艺技术，在一定程度上推动款式的变化。在廓形结构上，如今更加注重人体穿着的感受，追求既能让人体舒适又能达到美观的效果。这些都是设计款式时要考虑的必要因素。

4.1 上衣款式的绘制

上衣的种类主要分为T恤、衬衫、小衫、毛衣、卫衣、胸衣和吊带等。它们不仅可以单穿，在搭配方面也是不可缺少的一部分，既可以搭配围巾，又可以搭配外套等。

4.1.1 T恤

T恤给人舒适、休闲的感觉，深受人们的喜爱。如今的T恤设计日新月异，不仅有各种纯色的T恤，还加入了各种趣味图案、标语字母、撞色拼接等时尚、帅气的元素。T恤的主要工艺有印花、烫画、绣花、绣珠片和贴布绣等。

T恤的画法

01 用铅笔绘制T恤线稿，并轻轻描绘出字母的大概位置。本案例中的T恤下摆束了起来，注意绘制出腰部的堆积褶皱。

02 根据光源方向，用黑色勾线笔勾线，注意笔触的粗细变化。

03 用15#马克笔的细头勾勒字母的大概形状，然后绘制围巾底色，注意留出缝隙。

04 用红色纤维笔把字母补充完整，然后用15#马克笔的宽头叠加围巾层次，注意叠加面积，不要全部覆盖底色。

05 绘制T恤阴影。本案例中的T恤底色为白色，由于受围巾和字母的环境色影响，白色T恤的暗部可以选择暖色调绘制，这里选择了用25#马克笔绘制暗部阴影。

06 用高光笔提亮T恤和围巾的整体高光。

01   02   03

04　　　　　　　05　　　　　　　06

T恤字母图案细节表现

①用铅笔轻轻描绘出字母形状。

②绘制字母的大致图案。

③根据人体着装起伏，局部叠加字母颜色。

④完善字母边缘细节。

⑤根据衣纹绘制高光。

大致描绘　　　大概填涂　　　加深

细化边缘　　　随衣纹高光

①　　　②　　　③

④　　　⑤

不规则破洞

字母绣花

大破洞

图案印花

数字印花

破洞短袖T恤

破洞宽袖T恤

长款印花短袖T恤

打结

字母印花

超长袖

纯色短袖T恤

短袖T恤

超短款长袖T恤

字母印花

图案字母印花

卷袖T恤

长款无袖T恤

4.1.2 衬衫

衬衫主要以正装衬衫和休闲衬衫为主。正装衬衫适合严肃、庄严的场合，可搭配西装外套。如今正装衬衫也添加了独特剪裁、荷叶边装饰等时尚元素，让正装看起来不那么严肃。休闲衬衫主要以棉麻、雪纺等轻薄面料为主。

衬衫的画法

01 用铅笔绘制衬衫线稿。本案例中的衬衫下摆束了起来，注意绘制出腰部的聚集褶；右手弯曲，手肘处形成堆积褶；左手自然垂下，形成垂褶。

02 用黑色勾线笔勾线，考虑光源方向，注意笔触的粗细变化，保留细褶纹的铅笔痕迹。

03 根据自定光源，用马克笔的宽头绘制衬衫底色，注意留白，保留空隙。

04 用同号或深一号颜色的马克笔叠加绘制衬衫阴影。

05 用浅棕色纤维笔绘制出线迹细节。

06 用高光笔提亮衬衫，表现出体积感和光泽感。

衬衫束腰褶皱细节表现

①用铅笔绘制聚集褶的衣纹方向。

②考虑光源方向，确定轮廓，暗部线条粗，亮部线条细。

③绘制衬衫底色，面料凸起处留白，注意留出缝隙。

④绘制衬衫暗部颜色，暗部集中在垂褶底下。

⑤提亮褶皱起伏处的高光，增强体积感。

衬衫款式赏析

长袖抽褶衬衫

露肩灯笼袖小衫

荷叶边衬衫

字母印花长袖衬衫

长袖格子衬衫

长袖格子拼接小衫

绑结短袖小衫

4.1.3 针织衫

针织衫主要分为毛衣、卫衣和开衫等。毛衣类服装有明显的编织肌理，卫衣纹路细腻。常见的针织衫一般都以保暖为主，不过根据材质的不同也出现了适合凉爽天气穿着的款式，露肩、露脐款的针织衫打破了常规针织衫的概念。结合彩纱编织出不同图案，印花、绣花工艺也为针织衫增色不少。

针织衫的画法

01 用铅笔绘制毛衫的大致轮廓。本案例中毛衫的两袖堆束起来，由毛线较粗厚，形成了厚重的堆积褶。

02 考虑光源方向，确定大轮廓，暗部线条略粗，亮部线条较细。

03 绘制毛衫底色，注意留出空隙。

04 用比底色深一号的颜色绘制针织衫和织纹的阴影。

05 完善织纹的层次绘制。

06 用浅棕色纤维笔绘制织纹的细节肌理。

07 继续完善织纹坑点肌理的绘制。

08 用高光笔绘制出毛衫的高光，表现出体现感。

01   02   03   04

05   06   07   08

针织衫编织肌理细节表现

①绘制底色，注意留出空隙。

②自定光源方向，用比底色深一号的颜色
绘制织纹的大致阴影。

③继续完善织纹肌理。

④绘制编织线细节，注意线条参差排列。

⑤完善毛线坑的肌理细节。

⑥提亮毛衫高光，表现出体积感。

针织衫款式赏析

多色针织毛衣

单色针织毛衣

字母印花针织卫衣

立领短裤
针织卫衣

无袖针织毛衣

连帽针织卫衣

露肩长袖针织毛衣

4.1.4 吊带衫和抹胸胸衣

　　吊带衫是女性夏季经常穿着的服装，能够展现出女性可爱、性感的魅力，是很好的搭配单品。除了常规的吊带衫，还有运动式的健身衣和抹胸胸衣等，具有保持胸部挺拔的功能性作用。

吊带衫的画法

01 用铅笔绘制出吊带衫线稿。本案例中的吊带衫腰部半束，面料轻盈，出现自然的聚集垂褶。

02 考虑光源方向，用黑色秀丽笔勾线，注意线条粗细变化。

03 用77#马克笔的斜头绘制吊带衫底色，注意在衣纹起伏处留白。

04 用83#马克笔的斜头叠加绘制吊带衫的过渡色。

05 用73#马克笔的斜头绘制吊带衫的暗部阴影，留出底色反光。

06 绘制高光，提亮吊带衫的面料质感。

01　　　　　　　02　　　　　　　03

04　　　　　　　05　　　　　　　06

吊带衫细节表现

①确定衣纹方向。

②确定服装线条。

③绘制服装底色。

④叠加绘制服装过渡色。

⑤绘制服装暗部，留出反光色。

⑥提亮面料光泽。

①

② 光源 粗 粗

③ 留白

④ 保留第一层底色过渡

⑤ 反光 暗

⑥ 提亮 提亮

吊带衫款式赏析

睫毛蕾丝边
抽绳蕾丝吊带衫
工字背健身背心

胸杯
系绳吊带胸衣

绑结吊带衫
抹胸胸衣

抹胸打底衫
运动吊带背心

绑绳吊带背心

休闲吊带衫

三角杯吊带衫

4.2 外套款式的绘制表现

外套是日常生活中必备的服装，夏天的外套有防晒、防雨的功能，冬天的外套有保暖、防风的功能。外套的款式多种多样，打破常规的理念，西装款外套就可以变形延伸为大衣或休闲外套，一款服装也可以是几款服装的合体。绘制外套时要注意空间感和服装厚度的表现。

4.2.1 风衣

经过多年的演变，风衣的款式变化多样，门襟设计由双排扣发展到单排扣、单排门襟暗扣和偏开门襟等多种样式；衣领设计有枪驳领、翻领、西装领和立领等；袖子设计有插肩袖、装袖、蝙蝠袖等。风衣的颜色、装饰、功能性都发生了很多改变。

风衣的画法

01 用铅笔绘制风衣大轮廓线稿，确定风衣廓形。

02 用铅笔完善风衣的细节部件。分析褶皱走向并绘制，由于该案例中的人体动作活动小，面料较厚，因此产生的衣纹较少，褶皱主要是袖肘的挤压褶和腰部的聚集褶。

03 根据自定光源方向，用黑色勾线笔确定风衣大轮廓，局部细小部件保留铅笔痕迹。

04 用141#马克笔的斜头绘制风衣底色，受光部留白，保留缝隙。

05 用141#或104#马克笔叠加绘制风衣过渡色。

06 用100#马克笔绘制风衣阴影，然后绘制出扣子的颜色。

07 用深棕色纤维笔完善风衣整体细节，如线迹、扣眼等。

08 用高光笔提亮风衣质感，增强体积感。

01　　　　　　　　　02　　　　　　　　　03　　　　　　　　　04

05　　　　　　06　　　　　　07　　　　　　08

风衣翻领绘制细节表现

①确定领子形状，注意线条粗细的变化。

②绘制领子底色，受光处留白。

③叠加绘制领子过渡色。

④绘制领子暗部颜色，如领底、领侧或领子重叠处。

⑤绘制领子线迹细节。

⑥提亮领子高光，表现出体积感。

风衣款式赏析

线迹装饰

前肩覆
（防渗雨作用）

垂坠领设计

双排扣风衣

双排扣风衣

肩襻

单排扣风衣

粗花呢料

腰带束腰

袖襻
（防风作用）

双排扣斗篷风衣

拼接单排扣风衣

4.2.2 大衣

大衣除了防风御寒外，还能体现沉稳大方、潇洒不凡的气度。大衣的面料多运用各种呢料，款式上变化多样，最常见的有单排扣大衣、双排扣大衣、茧型大衣、浴袍款大衣、斗篷大衣和牛角扣大衣等。

大衣的画法

01 用铅笔绘制大衣的大致轮廓，确定大衣廓形。

02 完善大衣的局部细节，如纽扣、口袋和结构线等。然后分析并绘制褶皱，本案例中的人体动态小，面料较厚，褶皱主要是袖肘的挤压褶。

03 自定光源方向，然后用黑色的勾线笔勾线，背光处的线条略粗，细小部件保留铅笔痕迹。

04 用24#马克笔的斜头绘制大衣底色，注意留出高光。

05 用23#马克笔叠加绘制风衣的过渡色，主要体现在领底、袖侧、袋盖底等部位。

06 用22#马克笔叠加绘制大衣暗部，使其更有层次，明暗对比清晰。然后用黑色纤维笔完善大衣结构线，绘制纽扣颜色。

07 用高光笔提亮大衣光泽，表现体积感。

大衣袖子褶皱细节表现

①分析并绘制褶皱走向，本案例中为挤压褶。

②根据自定光源，确定褶皱线条，暗部线条略粗，亮部线条略细。

③绘制褶皱底色，在褶皱起伏处留白。注意留白的地方不仅受光源方向影响，还受身体遮挡影响，

最终呈现出不规则的高光。

④绘制褶皱过渡阴影。

⑤加重褶皱阴影，主要是加重褶底和手臂内侧阴影。

⑥绘制高光，褶皱起伏处几笔带过，体现体积感。

大衣款式赏析

暗扣茧型大衣

毛领短款大衣

连帽牛角扣大衣

双排扣合体
超长大衣

羊腿袖——

粗毛呢拼接大衣

双排扣宽松大衣

斗篷式大衣

浴袍款大衣

4.2.3 西装

西装又称作"西服""洋装",由男士的服装演变而来。经过多年的变迁,西装也加入了女性服装的行列,体现女性和男士一样的独立、自信。西装给人的感觉比较正式,严肃端庄,一般为出席较重要或正式的场合穿着。如今西装的款式也发生了很大的变化,设计师结合了各种设计风格,将其融入西装款式,通过各种单品的搭配,使原本正式端庄的西装也变得俏皮起来。

西装的画法

01 用铅笔绘制西装的轮廓,确定服装廓形。

02 完善西装的局部细节绘制,然后分析并绘制形成的褶皱。本案例中的褶皱主要体现在袖肘挤压部位。

03 根据光源方向,用黑色勾线笔确定西装的最终轮廓,背光处线条略粗,细小部件保留铅笔痕迹。

04 用BG3#马克笔的斜头绘制西装底色,留出高光。

05 用BG7#马克笔叠加绘制西装过渡色。

06 用BG9#马克笔叠加绘制西装暗部颜色,注意领底、袖底、袋盖底处,让颜色过渡更自然。然后用黑色纤维笔明确局部结构线,绘制纽扣。

07 用高光笔提亮西装光泽,表现体积感。

01   02   03   04

05   06   07

西装枪驳翻领细节表现

①绘制领子形状。

②确定领子轮廓。

③绘制领子底色。

④叠加绘制领子过渡色。

⑤绘制领底和领侧的暗部。

⑥提亮领子边缘，增强体积感。

西装款式赏析

单粒扣西装

格子休闲西装

单粒扣西装

单粒扣合体西装

双排扣格子西装

双排扣马甲西装

4.2.4 休闲类外套

休闲外套品类很多，如夹克、棒球衣、飞行服、牛仔外套、运动外套和羽绒服等。休闲高街风，是街拍中高频出现的服装，具有舒适有型，不受束缚等特点。

休闲外套的画法

01 用铅笔绘制外套的大轮廓，注意服装与袖子的体积，突出飞行服宽大的效果。

02 完善款式的局部细节绘制，分析并绘制袖子因抽褶工艺产生的褶皱。

03 根据自定光源方向，用黑色勾线笔确定服装轮廓。褶皱部分勾勒主要褶皱即可，细小褶皱保留铅笔痕迹。

04 用51#马克笔的斜头绘制外套底色，褶皱起伏处的受光部留白，注意保留缝隙。

05 用52#马克笔叠加绘制外套的暗部，注意表现出袖子褶皱暗部的层次。

06 用深绿色纤维笔完善整体细节，绘制出螺纹肌理和门襟上的线条。

07 用高光笔提亮外套整体轮廓，增强体积感和面料光泽。

01

02

03

04

05

06

07

休闲外套抽褶细节表现

①分析褶皱走向，案例为抽褶。

②根据自定光源，确定褶皱线条，保留碎褶线稿，暗部线略粗，亮部线条略细。

③绘制褶皱的底色，褶皱起伏处留白。注意留白的地方不仅受光源方向影响，还受身体遮挡影响，最终呈现出不规则的高光。

④绘制褶皱过渡处的阴影和暗部。

⑤加重褶皱的阴影，褶底和手臂内侧阴影，绘制螺纹细节线条。

⑥绘制高光，褶皱起伏处几笔带过，体现体积感。

休闲外套款式赏析

运动连帽外套

羽绒连帽外套

休闲外套

牛仔外套

棒球外套

皮革机车外套

4.3 裙子款式的绘制表现

　　裙子几乎是每个女人衣橱里的必备之物，它既能展现女性优美的曲线姿态，又能展现优雅高贵、时尚摩登等气质。常见的款式有直身裙、A字裙、露背裙、礼服裙、公主裙、雪纺连衣裙、吊带连衣裙、牛仔连衣裙和蕾丝连衣裙等。按类别则分为片裙和褶裙两大类。

4.3.1 片裙

　　片裙是由一片或多片布料缝合而成的裙子，有一片裙、两片裙或多片裙的形式。紧身的片裙包裹着身体，出现的竖褶较少，甚至没有，多以横褶为主。宽松的片裙，越宽松出现的垂褶坡度越大，这样的褶皱不是通过特殊工艺形成的，而是裙摆下垂形成的自然褶，不是故意打的宽褶。

◎ 紧身片裙

　　紧身的片裙较贴合人体。具有强大弹力的针织面料除了缝合线外没有其他结构线，就能紧贴人体，并且穿着舒适；一般的梭织面料必须通过结构设计出符合人体的结构分割线，否则不可能达到合体状态。连衣裙有著名的公主线等多种分割线。

　　紧身片裙的画法

　　01 用铅笔绘制紧身片裙的轮廓，本案例为高弹针织紧身裙，注意人体与服装的空间关系。然后绘制衣纹褶皱，本案例中主要是在腋窝、手肘、腰部扭动时产生褶皱。

　　02 根据光源方向，用黑色勾线笔确定服装廓形，注意线条的粗细变化。

　　03 用BG5#马克笔的斜头绘制紧身片裙的底色，注意留白。

　　04 用BG7#马克笔的斜头绘制紧身片裙的过渡色。

　　05 用BG9#马克笔叠加绘制暗部阴影，胸部为最突出部位，因此胸部底下阴影较重。

　　06 用高光笔沿着紧身片裙的线条绘制高光，提亮层次感，体现体积感。

身躯扭曲褶

01

缝合线

02

03

04   05   06

褶皱细节表现

①确定褶皱纹路走向，袖肘为堆积褶，腰部为扭曲褶。

②根据光源勾线，暗部线条粗，亮部线条细。

③绘制底色，注意在胸部最突出处留白。

④叠加绘制褶皱过渡色。

⑤加重手臂外侧、身体两侧和胸部底部的阴影。

⑥绘制高光，增强体积感。

紧身片裙款式赏析

毛毛袖

公主线

POLO领

圆领紧身裙

西装款紧身裙

吊带紧身裙

休闲紧身裙

针织紧身半裙

抹胸紧身裙

皮革紧身半裙

◎ 宽松片裙

　　宽松片裙的下摆自然形成垂褶。宽松片裙宽大不拘束的服装特点，体现出休闲舒适感。宽松舒适的版型设计还能遮小腹、掩盖"拜拜肉"，深受女性喜爱。

宽松片裙的画法

01　用铅笔绘制宽松片裙款式，注意人体与服装的空间关系，应表现出宽松感。

02　根据自定光源方向，用黑色勾线笔确定服装款式轮廓，暗部线条略粗。

03　用71#马克笔的斜头绘制宽松片裙的底色，注意留出服装起伏处的高光。

04　用74#马克笔叠加绘制宽松片裙的过渡色。

05　继续叠加绘制宽松片裙暗部的颜色。注意垂褶的褶量较大，会出现分明的明暗对比，凹陷的部分产生厚重的阴影。

06　绘制高光，在褶皱凸起处提亮，体现出体积感。

01

02

03

04

05

06

褶皱细节表现

①确定褶皱走向，袖子宽大形成分明的垂褶。

②根据光源勾线，注意线条的粗细变化。

③绘制底色，服装起伏处留白。

④叠加绘制褶皱过渡色。

⑤加重褶皱凹陷处暗部的颜色，与亮部形成明显的对比。

⑥绘制高光，提亮褶皱起伏，增强体积感。

宽松片裙款式赏析

休闲宽松裙

圆领宽松裙

无袖宽松长裙

亮片宽松裙

宽松牛仔休闲裙

宽松A字半裙

4.3.2 褶裙

褶裙主要分为两种：一种是由片裙通过结构变形形成的自然褶皱，如荷叶边裙、垂褶裙，或通过缝合固定产生的固定褶，如抽褶裙等；另一种是通过机器将布料高温定型出来的褶皱，如百褶裙、波浪褶裙和牙签褶裙等。

◎ 荷叶褶裙

荷叶边顾名思义，形状像荷叶，有层层叠叠的感觉，常用在衣领或者裙摆设计。荷叶褶裙就是由弧形裁片或螺旋裁剪的裁片缝合而成。荷叶边内弧线缝制在裁片上，外弧线自然散开，形成荷叶状的曲线。

荷叶褶裙的画法

01 用铅笔绘制荷叶褶裙的轮廓和荷叶褶的轮廓。

02 完善荷叶褶的绘制，注意打结处聚集的碎褶。

03 完善荷叶褶裙下摆和自然垂褶的绘制。

04 自定光源方向，用黑色勾线笔确定服装轮廓，明确服装款式，注意线条的粗细变化。

05 用5#马克笔的斜头绘制荷叶褶裙的底色，保留褶皱起伏处的高光。

06 用2#马克笔的斜头叠加绘制荷叶褶裙的暗部，垂褶褶量较大的地方会出现比较分明的明暗关系，凹陷的部分产生厚重的阴影。

07 绘制荷叶褶裙的高光，增强体积感。

荷叶垂褶细节表现

①绘制荷叶底摆，曲线呈波浪形。

②完善荷叶边的绘制，注意波浪的大小和层次感。

③根据光源勾线，荷叶底摆的线条略粗。

④绘制荷叶边底色，保留褶皱起伏处的高光。

⑤绘制荷叶边暗部，荷叶底的阴影较重。

⑥绘制高光，提亮荷叶边缘及起伏的高光。

荷叶褶裙款式赏析

荷叶摆连衣长裙

荷叶边露肩连衣裙

荷叶边吊带连衣裙

荷叶领连衣裙

荷叶片格子半裙

荷叶领连衣裙

◎ 褶裥裙

　　褶裥裙主要分为工字褶裙、内工字褶裙和刀褶裙等，其分类主要是以褶裥的折叠形式定义的。如工字褶就是将一块布片对折形成工字形态的褶；又如刀褶，指褶裥的形态像刀字，以倒向一边得名。宽大的褶裥也可以手工完成，细窄的褶裥则要用机器经过高温制成。

　　刀褶裙的画法

　　01 用铅笔绘制褶裥裙的轮廓，注意褶裥的块面分组。本案例中所表现的是行走状态下的裙态，规则的褶裥变得富有动感。

　　02 确定光源方向，用黑色的勾线笔勾勒褶皱一侧的线条，另一侧保留铅笔痕迹。本案例中为刀褶，把面分成5份，a1和a2是图中A点和B点重合后的暗褶。

　　03 根据步骤2的褶裥分析，用马克笔分别绘制褶裥颜色。为了更好地区分褶裥关系，本案例中选择了用撞色表现褶裥裙。

　　04 叠加绘制褶裥裙的过渡色。

　　05 加重褶裥底的暗部颜色，然后将褶裥凹陷部和腰带底的阴影加深。

　　06 绘制高光，提亮褶皱起伏，增强体积感。

刀褶褶裥细节表现

①绘制褶裥垂褶，区分褶裥块面。

②根据光源勾勒暗部线条。

③根据块面分析，分别绘制褶裥底色。

④绘制褶裥暗部，褶裥块面分明，明暗也相对分明。

⑤加重褶裥暗部的颜色，尤其是褶边。

⑥绘制高光，提亮褶裥起伏处。

褶裥裙款式赏析

工字褶

图案撞色褶裥裙

工字褶

欧根纱褶裥裙

肩部暗裥

无袖褶裥连衣裙

下摆刀裥

工字单褶

褶裥半裙

工字单褶

褶裥格子半裙

腰刀裥

褶裥半裙

◎ 抽褶裙

　　抽褶是有目的性地将面料加宽，通过缝制抽缩成的碎褶，呈现出复杂的褶皱肌理，如收拢成帐篷式的灯笼摆裙、重叠的蛋糕裙等。抽褶除了具有装饰作用，还能替代结构上的省道线（省道线是捏合省量之后呈现出的线条，一般出现在胸、腰、臀、肩、领口和袖轴等人体曲线最明显的部位），千姿百态的碎褶裙富有不一样的层次美感。

抽褶裙的画法

01 用铅笔绘制抽褶的轮廓，本案例中为抽褶紧身裙，所以服装与身体间的空间较小。

02 继续完善抽褶褶纹的绘制，注意褶皱呈密集分布状态。

03 根据光源方向，用黑色勾线笔确定服装轮廓，勾勒出主要的褶皱线条。

04 用104#马克笔的斜头绘制抽褶裙的底色，密集的褶皱凹凸起伏，注意留白。

05 用110#马克笔的斜头绘制抽褶裙的暗部，注意加重凹陷处的暗部颜色。

06 绘制高光，提亮褶皱凸起处，增强体积感。

01

抽褶细节表现

①先绘制抽褶线。

②沿着抽褶线绘制密集的挤压褶。

③确定光源，用黑色勾线笔确定褶皱线。

④绘制褶皱底色，注意在褶皱起伏处留白。

⑤绘制褶皱的暗部阴影。

⑥提亮褶裥凸起处的高光。

抽褶裙款式赏析

腰褶连衣裙
腰间抽褶

金属环抽褶

抽褶连衣裙

背部抽褶

侧腰抽褶连衣裙

露背抽褶连衣裙

层叠抽褶礼服长裙

细薄面料抽的
褶特别密集

抽褶连衣裙

◎ 压褶裙

压褶裙是将面料通过折叠、打褶、捏褶等特殊手法，再通过加热定型形成有规律、有方向的褶的裙子。压缩面料局部的多余空间，使其含有一定开合量，形成可以包容人体的立体面料。压褶褶皱的形态取决于折叠和缝制的方式，如工字褶、顺褶、缉线褶等。压褶的线条挺廓却不失柔韧，规则中富有变化。

压褶裙的画法

01 用铅笔绘制压褶裙服装款式，胸部褶皱是车缝固定的褶皱，裙摆为活动的褶皱。

02 确定光源方向，用黑色勾线笔确定服装轮廓和褶皱的线条，注意线条的粗细变化。

03 用107#马克笔的斜头绘制褶裙底色，注意留白。

04 用马克笔叠加绘制褶裙暗部的颜色。

05 根据褶皱方向绘制排褶细节，把握线条间的距离。

06 绘制褶裙整体高光。

压褶绘制细节表现

①先绘制大致的垂褶轮廓。

②根据光源用黑色勾线笔确定褶皱线。

③绘制褶裙底色，注意留出高光。

④绘制褶裙暗部的颜色。

⑤根据褶皱方向绘制排褶，注意排线的疏密关系。

⑥绘制整体高光。

压褶裙款式赏析

4.4 裤子款式的绘制表现

裤子是人们必备的服装，适合四季穿着。裤子按长度可以分为长裤、9分裤、7分裤、短裤和超短裤等。按穿着状态大致分为紧身裤、宽松裤、短裤、背带裤和连体裤等，紧身裤能展现人体腿部曲线，宽松裤既舒适又能修饰腿部不足，短裤透气火辣，连体裤显瘦。不同的裤型展现出不同的效果与功能，根据自身条件选择适合自己的裤型。

4.4.1 紧身裤

紧身裤可以分为铅笔裤、瑜伽裤和健美裤等。制作紧身裤的面料必须要有弹力，紧身裤不仅要体现人体的腿部曲线，更要讲究舒适度，否则会给人体活动带来不便。紧身裤的褶皱多体现在胯关节、膝关节、脚踝处，多以横褶出现。绘制时注意服装空间和横褶的表现。

紧身裤的画法

01 用铅笔绘制紧身裤的轮廓，然后绘制褶皱。腰部的松紧处形成部分碎褶，弯曲的膝关节处形成挤压褶，裆部形成裤裆褶。

02 确定光源方向，然后用黑色小号勾线笔确定裤子廓形。

03 本案例中的紧身裤底色为白色，所以先绘制侧面织带与裤脚处螺纹的颜色，用马克笔细头绘制红色线条。

04 继续绘制织带与裤脚处的蓝色线条。

05 用WG0.5#马克笔的斜头绘制裤子暗部的颜色。由于绘制纸张是白色的，所以不需要绘制底色，直接绘制阴影即可，高光也一同留出。

06 用WG2#马克笔的斜头叠加绘制暗部的颜色。

01　　　　02　　　　03　　　　04　　　　05　　　　06

紧身裤裤裆褶皱细节表现

①确定褶皱方向，由于紧身裤受到相互拉伸作用，裤裆褶皱呈三角状。

②根据光源方向绘制暗部阴影。

③裆部底下阴影较重，用WG2#马克笔的斜头加重裆部阴影。

紧身裤款式赏析

4.4.2 宽松裤

宽松裤款式版型变化多样，主要分为直筒裤、喇叭裤、阔腿裤和束脚运动裤等。宽松裤对面料的要求广泛，不像紧身裤只能用有弹性的面料，宽松裤可用无弹性的梭织面料，也可以用带弹力的针织面料。由于宽松裤版型宽大，因此会形成很多竖褶，如果面料比较垂坠，则形成明显的垂褶。绘制时应注意膝关节处的挤压褶和裤裆、裤腿处的垂褶。

宽松裤的画法

01 本案例为行走动态下的侧面直筒裤，大腿处较合体，裤脚开衩处较为宽松。用铅笔绘制直筒裤轮廓，然后绘制褶皱，弯曲的膝关节处形成挤压褶，裤腿处形成垂褶。

02 确定光源方向，然后用黑色小号勾线笔确定裤子裤型，注意线条的粗细变化，暗部线条略粗。

03 用74#马克笔的斜头绘制直筒裤的底色，注意留白，保留缝隙。

04 用70#马克笔的斜头绘制直筒裤的暗部阴影，前腿面和后腿内侧阴影较重。

05 用红色纤维笔绘制侧缝织带的颜色。

06 绘制面料起伏处的高光，关节处褶皱较明显。

宽松裤绘制细节表现

①确定褶皱方向。人体行走时膝关节弯曲，形成不规则的挤压褶，同时又是宽松的裤型，与面料垂坠褶皱叠加在一起，形成堆积褶。

②根据确定的光源方向进行勾线，暗部线条略粗，亮部线条略细。

③绘制褶皱底色，注意在面料的凸起处留白。

④绘制褶皱暗部，褶皱暗面颜色较深，褶皱凹陷处阴影较暗。

⑤绘制面料凸起处的高光，关节褶皱的凸起较明显。

宽松裤款式赏析

波点9分阔腿裤

直筒喇叭长裤

宽松直筒长裤

束脚运动长裤

松紧宽松9分裤

直筒牛仔7分裤

阔腿内开衩休闲长裤

4.4.3 短裤

短裤是时尚圈的宠儿，是时尚博主、时尚达人喜爱的服装之一。它既能表现女性腿部的曲线美，又能散发女性魅力。

短裤的画法

01 本案例为紧身的卷边牛仔短裤。用铅笔绘制短裤的轮廓，然后绘制褶皱，裤裆处形成挤压褶。

02 确定光源方向，用黑色小号勾线笔确定裤子轮廓。由于牛仔面料相对较硬挺，因此绘制裤裆褶皱时可以适当加粗。

03 用74#马克笔的斜头绘制短裤底色，注意留白。

04 用70#马克笔的斜头绘制短裤阴影，如裤腰上下、裤腿两侧和裤裆处等。

05 用深蓝色纤维笔绘制车缝线迹。

06 绘制高光，表现出体积感。

短裤门襟细节表现

①用铅笔轻轻描绘门襟的大致轮廓。

②绘制裤子底色，覆盖铅笔痕迹。

③绘制门襟暗部的阴影，门襟处受人体结构影响微微凸起，因此要画出有变化的线条。

④绘制线迹细节。

⑤绘制门襟高光。

铅笔轻轻描绘

暗

双线

高光

① ② ③ ④ ⑤

短裤款式赏析

毛边

绑带

撞色织带

拼接牛仔短裤

松紧运动短裤

休闲卷边短裤

撞色包边

撞色条纹短裤

宽松喇叭短裤

A字型短裤

正面是裙子

超短热裤

喇叭阔腿短裤

商务休闲裙裤

背面是裤子

4.4.4 背带连体裤

背带裤既减龄又舒适的特点，简直就是不爱搭配的女性的福音。背带裤非常百搭，随手搭配一件T恤就可以轻松出门。背带裤中工装裤算是比较经典的款式，牛仔工装裤历史悠久，一直是潮人喜爱的单品。连体裤和背带裤有所不同，背带裤一般需要搭配上衣，连体裤是连接有上衣的，所以又称连体衣。即便连体裤的穿着方式多有不便，但它潇洒利落的剪裁使人欲罢不能。牛仔连体裤潇洒帅气、印花连衣裤风情万种、纯色连体裤优雅干练。

背带裤的画法

01 本案例为喇叭款的工装背带裤，大腿部分较合体，小腿部分较宽松，会形成垂褶。用铅笔绘制背带的轮廓，然后绘制出褶皱，裤裆和膝关节处会形成挤压褶。

02 确定光源方向，用黑色小号勾线笔确定背带裤轮廓。由于本案例中的面料相对硬挺，因此绘制裤裆和关节处的褶皱时可以适当加粗。

03 用183#马克笔的斜头绘制背带裤底色，注意留白，保留缝隙。

04 用70#马克笔的斜头绘制背带裤的暗部阴影，袋兜四周、插袋、裤裆、裤腰上下、裤腿两侧和后腿暗部阴影明显。

05 用深蓝色纤维笔绘制线迹细节。

06 绘制服装起伏处的高光，表现体积感。

01

02

03

04

05

06

背带裤裤裆绘制细节表现

①用铅笔绘制裤裆处的挤压褶。

②确定挤压褶线条，暗部适当加粗。

③绘制裤子底色。

④叠加绘制裤裆处的阴影。

⑤加重裤裆暗部阴影。

⑥绘制裤裆起伏处的高光。

挤压褶
①

光源
暗
②

③

暗
暗
④

加重
加重
⑤

提亮
⑥

连体绑带裙裤

印花连体衣/裤

背带格子9分裤

休闲连体衣/裤

牛仔连体衣/裤

喇叭背带长裤

一字肩连体衣/裤

牛仔破洞工装裤

4.5 泳衣

　　泳衣一般采用遇水不松垂、不鼓胀的纺织品制成。女装泳衣品类主要分为比基尼式和一般两件套式，还有一件式，即连体式。如今泳衣的设计日益创新，肩带设计多样，露背设计性感强势，镂空设计时尚有魅力。除此之外，还有裙摆式泳衣，可爱活泼又能遮挡赘肉，以及比较正规保守的运动泳衣等。

泳衣的画法

　　01　本案例为侧腰镂空的吊带一件式泳衣，由于泳衣面料具有高弹性而且很薄，绘制时面料几乎和人体线条重合，或是受到泳衣弹力的影响，穿着时会出现勒紧肌肉的问题，为了表现出时装画的美感，绘制时可将其忽略。绘制泳衣轮廓，由于泳衣紧贴身体，因此不需要绘制褶皱。

　　02　根据光源方向，用小号黑色勾线笔确定泳衣轮廓，注意线条粗细的变化。

　　03　用10#马克笔的斜头绘制底色。

　　04　用4#马克笔叠加绘制泳衣的过渡色，绘制紧身泳装的阴影和绘制人体阴影的原理一样，胸部和裤裆处的阴影较为明显。

　　05　继续叠加暗部阴影，加重胸部阴影，体现胸部丰满的感觉。

　　06　绘制泳衣起伏处的高光。

泳衣绘制细节表现

　　①用铅笔绘制三角杯轮廓，注意胸部的弧度。

　　②根据光源方向，用小号黑色秀丽笔勾线，暗部线条略粗。

　　③绘制底色，注意留出胸部的高光。

　　④绘制三角杯的阴影，把它看作球体，就可以清楚绘制暗部了。注意胸部两侧和胸部底部的阴影。

⑤继续叠加阴影，加重胸部底部、胸部内侧的阴影，体现胸部丰满的感觉。

⑥绘制高光。

①

② ☀ 光源

暗
暗

③ 高光

④
暗
暗
暗

⑤
加重
加重
加重

⑥
提亮
提亮

泳衣款式赏析

比基尼

大露背连体泳衣

两件套泳衣

挂脖两件套泳衣

透视拼接连体泳衣

条纹胸衣连体泳衣

交叉背带连体泳衣

连衣裙式泳衣

长袖连体泳衣

05

时装画面料
的表现技法

服装面料多种多样，生产工艺也各不相同，有
的是通过纱线机织出来的，有的是在原有的面
料上通过后续加工得来的。常见的生产工艺如
T恤上的胶印印花，碎花裙上的数码印花，植
绒、染色等。一块有特色的面料，能让设计师
获得很多设计灵感。先有设计图再去找对应面
料的话，这样是不太容易如愿以偿的，而且开
发面料是一个较长的过程，所以设计师一般会
根据自己的感觉，先在市场挑选好面料再进行
设计，这样更直接、更快速。

5.1 波点面料的表现

波点风靡于20世纪60年代，是最经典的图案之一。它具有风格复古，俏皮可爱，节奏欢快的时尚感。黑白波点算是经典中的经典，它十分复古，一直活跃在时尚界。波点的大小、疏密排布、色彩都是设计波点图案的关键。

5.1.1 波点面料绘制技巧

波点面料的绘制要点

大小: 根据款式褶皱的不同面，呈现的大小不同。在较为平坦的面形状较圆，在被遮挡的面为半圆或椭圆。

排序: 根据服装褶皱走向排序，不宜过于均匀，否则显得呆板。

疏密: 根据服装褶皱分散波点，褶皱密集处波点密集，反之则稀疏。

波点面料表现细节

①绘制面料底色。

②根据面料起伏绘制阴影。

③沿着褶皱起伏走向绘制波点。

④绘制出疏密不同的波点。

绘制其他颜色的波点时，可以借助马克笔的尖头垂直用笔，稍加停顿即可绘制出圆润的波点。

5.1.2 波点面料实例表现

» 线稿

01 用铅笔起稿，确定人体动态。

根据三庭五眼绘制头部和五官。

02 根据人体动态绘制服装款式，然后完善服装褶皱和细节。本案例中的服装为胸前打结的超大摆裙，注意绘制时褶皱的表现，裙子的褶皱为大垂褶，胸前和手关节处为挤压的碎褶。绘制完成后擦掉不必要的辅助线，以免影响后面勾线。

» 皮肤

03 自定光源方向，绘制皮肤底色和阴影，注意留出高光。最好在第一层肤色没完全干透前绘制阴影，这样皮肤的过渡会更加自然。

用27#马克笔平涂皮肤底色，可大胆用笔。在眼珠和牙齿处留白。

用139#马克笔的尖头绘制皮肤阴影。

» 勾线

04 用纤维笔勾勒皮肤轮廓后，用小号黑色防水笔根据线稿勾线，明确服装款式。注意擦掉出界或不必要的线条，以备更好地填充上色。

用浅棕色纤维笔勾勒皮肤的轮廓。如上眼睑、眼睛虹膜、眉毛、耳朵、脸形、锁骨和手臂等。

用浅棕色极细针管笔绘制细小线条，如双眼皮、眉梢、鼻子和嘴唇等。

用深棕色纤维笔加重脸部转折和暗处的线条，绘制出瞳孔。

勾勒服饰轮廓，注意受光线条略细，短发几笔带过即可。

勾勒服装褶皱线条，受光部线条细，背光处线条粗，注意虚实关系的表现。

» 上色

05 根据自定光源，以沿着服装褶皱走向为原则，绘制服装和鞋帽的底色，注意留出高光。

用软头或尖头马克笔绘制发色。

填充帽子底色。

顺着褶皱方向，用马克笔不同的角度和力度填充底色。

06 叠加绘制服装的底色，使颜色过渡更加自然。注意叠加面积逐层递减，表现出层次感。

继续用马克笔不同的角度和力度叠加绘制服装底色。

07 绘制服装和鞋帽的暗部阴影，阴影主要集中在转折处和褶皱内侧。绘制时用笔应肯定、明快。

加重暗部阴影，如腋下、腰身两侧、褶皱内侧等。

09 用高光笔根据衣纹走向依次绘制波点图案，注意波点的疏密。本案例中波点的疏密变化较为明显地集中在裙摆褶皱处。

08 沿着人体关节转折用高光笔提亮高光，表现皮肤质感，然后顺着褶皱起伏，提亮服装质感，表现体积感。

用红色纤维笔绘制唇色和眼影。

用高光笔绘制波点，注意波点的大小和疏密。

10 完善整体
服饰绘制。

11 可以根据个人喜好绘制出背景。本案例造型风格较复古，颜色较单调，因此可以选择对比明显的颜色作为背景，使画面更具时尚感。

用灰色纤维笔绘制出渔网。

在渔网交叉处稍微停顿，表现出渔网节点。

5.1.3 波点面料作品赏析

5.2 格纹面料的表现

格纹是一种永不过时的经典图案，每年每季的时装发布会上都有它的身影。通过经纬线的排列、不同颜色的搭配和格子的大小组合可以形成多样的格纹风格。

5.2.1 格纹面料绘制技巧

格纹面料的绘制要点

经纬线：线条十字纵横组合，顺着衣纹方向绘制。

格子大小：经纬线的距离远近决定格子的大小。

配色：格子经纬线的配色搭配。

格纹面料表现细节

①绘制服装底色，再顺着衣纹绘制经线。

②顺着衣纹绘制纬线。

③绘制格子配色，注意深浅对比。

④完善格子细节配色的经纬线。

绘制时不用过于纠结边界是否出界，在马克笔快速表现中大胆下笔，绘制出肯定的笔触尤为重要。若需要重点表现面料，也可以绘制得十分规整。

5.2.2 格纹面料实例表现

» 线稿

01 用铅笔起稿，确定人体动态。

02 根据人体动态，绘制服装款式的大致廓形。该案例服装为挺括面料的翻领大衣，绘制时注意把握褶皱表现，褶皱应表现为少而清晰。

03 完善人体与服装的整体
细节，擦掉不必要的辅助
线，以免影响后面勾线。

» 皮肤

04 自定光源方向，绘制皮肤底色和阴影，留出
皮肤高光。

用27#马克笔绘制皮肤底色，可大胆
用笔，眼珠、牙齿和颧骨处留白。

用139#马克笔的尖头绘制
皮肤阴影。

» 勾线

05 用纤维笔勾勒皮肤
轮廓和转折线等。

用浅棕色纤维笔勾勒皮肤轮廓，
如上眼睑，以及眼睛的虹膜等。

用浅棕色极细针管笔绘制双眼
皮、眉梢、鼻子和嘴唇的轮廓。

用深棕色纤维笔分别加重脸部、眉头、
上眼睑、瞳孔和关节转折处的轮廓。

» 上色

07 绘制整体的底色，不要忘了头发、内搭和鞋子等部位的绘制。然后顺着衣纹方向，绘制服装经线，褶皱堆积处线条起伏大、较密集，平坦处线条起伏小、较均匀。

06 用小号黑色防水勾线笔顺着线稿勾线，绘制出整体轮廓，注意虚实关系的表现和线条的粗细变化。表现出人体的立体感，明确服装款式。

08 参考步骤7完善纬线绘制。

沿着服装的褶皱走向勾线，注意线条的粗细和虚实变化。

用尖头或软头马克笔绘制发色。

叠加绘制头发阴影，绘制内搭衬衫。

10 完善格子的细节绘制。
然后完善发丝、妆容、鞋子
和口袋等的补充绘制。

11 用高光笔沿着关节转折，提亮
皮肤质感和整体高光，注意头发和
鞋子要表现出强烈的立体感。

09 绘制格子图案的细
节配色。

用软头或尖头马克笔绘制方格配色。

用红色纤维笔绘制唇色和眼影。

用纤维笔顺着衣纹方向绘制格
子细节配色的经纬线。

5.2.3 格纹面料作品赏析

5.3 条纹面料的表现

条纹图案和格纹图案一样，都属于经典图案，几乎是每年服装设计中都少不了的设计元素。若条纹图案的比例设计恰当，还能达到明显的"瘦身"效果。不同的配色、不同的线条粗细搭配，可以形成多样的条纹风格与特点。

5.3.1 条纹面料绘制技巧

条纹面料的绘制要点

排线：条纹的排线可横向、竖向或斜向单独排列，也可以进行组合。

线条粗细：绘制时，原本平直的条纹，随着人体活动时产生的褶皱而随之变形。因此绘制时，要注意褶皱处线条的起伏和粗细变化。

线条间距：条纹和条纹之间的距离，一定程度上决定着条纹的比例。绘制时应注意保持它们之间的距离一致。

条纹面料表现细节

①绘制服装底色。
②根据服装褶皱走向排列条纹。
③完善条纹，注意排列顺序。
④绘制服装转折处的高光。

5.3.2 条纹面料实例表现

» 线稿

01 用铅笔起稿，确定人体动态。

绘制服装大致廓形。　补充服装细节。

02 根据人体动态绘制服装款式，完善人体与服装的细节。该案例为束腰式长袖连衣裙，绘制时注意腰部堆积褶和聚集褶的表现，擦掉不必要的辅助线，以免影响后面勾线。

» 皮肤

03 自定光源方向，绘制皮肤底色和阴影，留出皮肤高光。

用27#马克笔绘制皮肤底色。

用139#马克笔的尖头绘制皮肤阴影。

» 勾线

04 确定脸部五官及四肢的皮肤轮廓。

用浅棕色纤维笔勾勒五官，注意脸部、锁骨等关节转折处的轮廓。

用浅棕色极细针管笔绘制双眼皮、眉梢、鼻子和嘴唇的轮廓。

用深棕色纤维笔分别加重眼线、瞳孔、脸部和锁骨等关节转折处和暗部的线条。

05 用小号黑色防水勾线笔顺着线稿勾线，注意线条的粗细和虚实变化。受光部线条较细，可保留铅笔稿线条，背光部线条较粗。表现出人体的立体感，明确服装款式。

沿着服装的褶皱走向勾线。

07 根据自定光源叠加绘制整体服饰的阴影。

» 上色

06 绘制头发、鞋子、包包和服装整体的底色，注意留出高光。

08 根据褶皱走向依次绘制条纹组合图案。注意线条的起伏和粗细变化。

可用软头笔或马克笔的尖头绘制条纹。

09 完善条纹组合绘制。

10 用高光笔提亮皮肤质感，提亮服装转折处，表现出体积感，完善整体效果。

用红色纤维笔绘制唇色和眼影。

5.3.3 条纹面料作品赏析

5.4 印花面料的表现

印花面料按照工艺的不同可以分为转移印花和渗透印花两种。印花面料一般通过蜡染、扎染、扎花、手绘和手工台板印花和数码印花等工艺来进行制作。印花面料颜色丰富，打破了传统单一的面料色彩。工艺技术的发展，给设计师提供了很好的设计灵感。

5.4.1 印花面料绘制技巧

印花面料的绘制要点

主次：绘制印花图案时要分清主次，主要花型重点绘制，即大面积、特别突出的花型；次要花型几笔带过即可，如特小花型，不占主体位置的花型。选择主要花型绘制即可，不需要面面俱到。

花型：绘制花型大致形状即可。另外，需注意随着服装产生褶皱，花型也会产生扭曲变化，因此绘制花型时褶皱走向是需要考虑的。

细节：花型的细节刻画可借助马克笔的尖头或彩色纤维笔辅助勾线，花型的明暗通过颜色的叠加即可表现。

印花面料表现细节

①绘制花型的大致形状和底色。
②绘制花型细节和面料底色。
③绘制面料暗部和花型细节。
④提亮面料和花型高光。

在绘制浅色面料上的印花时，由于浅色可以被覆盖，所以可以先绘制好面料的颜色再绘制印花。本案例中为深色面料，因此需要先绘制印花。

5.4.2 印花面料实例表现

» 线稿

01 用铅笔起稿，确定人体动态。该案例为大半身造型。

02 根据人体动态绘制服装的大致廓形，完善

人体与服装的细节。然后擦掉不必要的辅助线，以免影响后面勾线。该案例为束腰的轻薄荷叶袖裙，要注意腰部的聚集褶和下摆褶皱的走向。

» 皮肤

03 自定光源方向，然后用27#马克笔绘制皮肤底色，注意留出皮肤高光。

04 用139#马克笔绘制皮肤阴影。最好在第一层肤色没完全干透前绘制阴影，这样皮肤的颜色过渡会更加自然。

» 勾线

05 确定脸部、五官，以及各个关节的轮廓。

用浅棕色纤维笔勾勒五官、脸部和手部的轮廓。

用浅棕色极细针管笔绘制双眼皮、眉梢等细节位置的轮廓。

用深棕色纤维笔分别加重眉毛、上眼睑、瞳孔及各个关节转折处的轮廓。

06 用小号黑色防水勾线笔沿着线稿勾线，注意线条的虚实和粗细变化，表现出人体的立体感，明确服装款式。

08 根据花型线稿，结合马克笔细头和宽头绘制出花型底色。本案例中花卉为主体，叶子为次要。

》上色

07 绘制发色。沿着服装的褶皱走向，用铅笔轻轻勾勒出印花图案的大致花型。

09 进一步叠加绘制，表现出花型的层次。

用尖头马克笔叠加绘制花卉颜色。

11 自定光源方向，然后沿着服装褶皱走向，绘制服装面料底色。

10 完善花型不同层次的色彩。

用马克笔的尖头和棱角绘制花卉和叶子的细节。

12 绘制服装的暗部阴影，阴影主要集中在各个关节转折处和褶皱凹陷处。

13 完善印花整体的细节绘制。

用红色纤维笔绘制唇色和眼影。

用深绿色纤维笔绘制叶子的大致细节。

用不同颜色的纤维笔绘制印花的图案细节。

用黑色纤维笔完善印花的轮廓细节。

14 用高光笔提亮皮肤质感，提亮花型和印花面料的光泽，表现出立体感。

15 绘制背景，完成效果表现。

5.4.3 印花面料作品赏析

5.5 豹纹面料的表现

豹纹给人一种狂野不羁和时髦的感觉。豹纹元素一直是备受青睐的流行符号，不管什么时候街头都能看到豹纹元素。各种豹纹单品搭配特别吸引眼球，是时尚的宠儿。

5.5.1 豹纹面料绘制技巧

豹纹面料的绘制要点

形状：豹纹的形状没有局限性，大小不一，稀疏不一。

深浅：豹纹的颜色有明显的深浅对比。

质感：除了豹纹斑点和豹纹上的毛须，其他部分可以借助干的马克笔或彩铅刷上几笔，即可表现出豹纹的质感。

豹纹面料表现细节

①先绘制面料的明暗底色，再绘制浅色的豹纹斑点。

②沿着浅色豹纹斑点的轮廓，绘制深色的豹纹斑点。

③局部加重豹纹斑点的颜色，增强层次和体积感。

④绘制豹纹的肌理质感。

5.5.2 豹纹面料实例表现

» 线稿

01 用铅笔起稿，确定人体动态。

02 根据人体绘制服装款式的大致廓形。该案例中为紧身的长袖连衣裙，注意服装与人体的空间关系。褶皱的表现以横褶为主，注意各个关节处的褶皱处理。

绘制五官。

03 完善服装的整体
细节，擦掉不必要
的辅助线，以免影
响后面勾线。

» 皮肤

04 自定光源
方向，绘制皮
肤阴影。

» 勾线

05 用纤维笔绘
制脸部、五官及
皮肤的轮廓。

用27#马克笔绘制第一层肤色。

用140#马克笔的尖头绘制阴影，注意锁骨处的阴影表现。

用浅棕色纤维笔绘制皮肤轮廓，如五官、锁骨等。

用浅棕色极细针管笔绘制双眼皮、眉梢、鼻子和嘴唇等细小的轮廓。

» 上色

07 绘制人体和服
装整体的底色，注
意留出高光。

绘制发色。

06 用黑色防水勾线
笔明确服装款式，沿
着铅笔稿的线条走向
勾线，注意用笔轻快，
虚实变化要明显。

08 绘制整体的暗部
阴影，阴影主要集中
在转折处和褶皱内侧，
绘制时应用笔肯定。

10 沿着浅色豹纹斑点的轮廓，绘制深色豹纹斑点，注意豹纹分布的疏密关系。

09 沿着服装走向绘制豹纹的大致图案。

绘制浅色豹纹斑点的大致形状。

用笔时注意力度轻重的转换，灵活控制笔尖，绘制出粗细不一的花型。

加深绘制局部豹纹斑点。

11 叠加绘制局部豹纹斑点的颜色，细化豹纹图案，增加画面层次和体积感。然后用红色纤维笔绘制妆容。

12 用高光笔在皮肤转折处绘制高光，提亮皮肤质感。然后沿着服装褶皱走向，提亮服装，表现出面料的光泽与立体感。

13 绘制豹纹肌理。

借助彩铅绘制出豹纹的肌理。

5.5.3 豹纹面料作品赏析

wb-YanFei
Oct. 29th. 201

5.6 迷彩面料的表现

气场强大的迷彩元素深受时尚人士和街拍潮人的追捧,穿上有迷彩元素的服装有一种莫名的帅气。或许是因为迷彩是作战时用于伪装和隐蔽自己的原因,使迷彩有一种硬朗、坚强的帅气魅力。

5.6.1 迷彩面料绘制技巧

迷彩面料的绘制要点

形状:迷彩图案的形状是不规则的,虽然迷彩图案的大小分布不一,但是从整体上看都是差不多的,不会像豹纹图案那样有明显的不同。

色彩搭配:迷彩图案一般有3种或3种以上的颜色组合搭配。

对比:颜色搭配有明显的深浅对比。

迷彩面料表现细节

①先绘制面料底色和阴影,再绘制浅色迷彩图案的大致形状。

②挨着浅色迷彩图案绘制迷彩配色形状。

③继续完善迷彩配色形状。

④完善最后的配色对比,提亮高光。

5.6.2 迷彩面料实例表现

» 线稿

绘制头部线稿。

01 用铅笔起稿,确定人体动态。

02 根据人体动态绘制服装款式的大致廓形。该案例中为多层服装表现,注意表现内外层的服装空间,以及宽大外套的体积感和紧身裤的褶皱处理。

» 皮肤

04 自定光源方向，然后绘制皮肤底色和阴影，注意留出皮肤高光。

03 完善人体与服装部件的细节，擦掉不必要的辅助线，以免影响后面勾线。

» 勾线

05 确定皮肤轮廓后，用小号黑色防水笔勾线，明确服装款式，注意线条的粗细和虚实变化。

用27#马克笔的宽头绘制皮肤底色。 用139#马克笔绘制皮肤阴影。

用浅棕色纤维笔绘制皮肤轮廓。 用深棕色纤维笔加重皮肤轮廓处的转折。

07 根据自定光源绘制出整体服装的阴影，阴影主要集中在转折处和褶皱内侧。

» 上色

06 绘制整体服装底色，注意留出高光，然后绘制浅色迷彩图案，根据褶皱走向分布。

绘制眼镜和头发阴影。

08 根据褶皱走向，挨着浅色迷彩图案绘制其他配色迷彩形状。

09 继续完善迷彩配色。

用马克笔的尖头绘制其他配色图案的形状。

10 完善迷彩图案的配色对比,增强图案层次感。

沿着迷彩形状轮廓,绘制最深颜色的迷彩图案。

11 完善整体的细节绘制，如帽子、T恤上的字母等。

用黑色纤维笔绘制出帽子上的英文字母。

完善T恤上的字母和阴影。

12 绘制整体高光，表现出服装的质感和体积感。

5.6.3 迷彩面料作品赏析

06

时装的
、质感表现

在绘制服装时，除了清晰绘制出服装款式设计外，还需要表现出服装面料的质感，以便于准确表达设计意图。马克笔属于硬性的材料，在表现不同的质感时往往具有一定的局限性，但是我们可以通过色彩的叠加、笔触的控制、光影的对比、褶皱的起伏来实现面料质感的表现，此外还可以通过彩铅、水彩等辅助工具来实现。

6.1 薄纱质感表现

薄纱面料具有轻盈的质感,有一种若隐若现的透视感。不同的薄纱面料表现方式也不同,如真丝类纱质面料,非常飘逸,轻盈细腻;雪纺面料,非常柔软,有一定的垂坠感;欧根纱类面料,透明度低,柔韧感强等。

6.1.1 薄纱质感绘制技巧

薄纱质感的绘制要点

透明感:首先要绘制肤色,表现薄纱材质的透明或半透明感。

飘逸感:使用随意性强的线条表示飘逸感,笔触流畅大胆。

柔软度:通过褶皱的起伏节奏,表现薄纱的柔软度。

可以用一些快干或半干的马克笔绘制薄纱的质感肌理,干笔形成的孔洞、细线恰好能表现出薄纱的肌理。还可以借助彩铅绘制薄纱的透明感。

薄纱质感的绘制细节

①先绘制肤色,再绘制薄纱底色。

②叠加薄纱重叠部分的颜色。

③提亮薄纱高光。

④绘制薄纱褶皱的暗部。

6.1.2 薄纱质感实例表现

» 线稿

01 用铅笔起稿,确定人体动态。

绘制头部及五官。

02 由于本案例薄纱面料透明度高,因此要完善人体细节的绘制,明确人体曲线,擦掉不必要的辅助线。

» 皮肤

05 用27#马克笔的尖头绘制五官底色，然后用斜头绘制人体大面积的肤色，注意留白，适当留出空隙。

03 根据绘制好的人体，沿着人体动态绘制服装款式。本案例为荷裙，注意荷叶边的走向，先确定大轮廓，再细化荷叶边的褶皱，以免造成画面凌乱。

04 对荷叶边处的褶皱进行细化，明确薄纱服装款式，然后擦掉不必要的辅助线，保留人体线条。

06 根据服装款式走向绘制人体阴影，注意人体和服装转折处形成的阴影。

用139#马克笔绘制皮肤暗部，注意皮肤与薄纱的阴影关系。

完善四肢皮肤阴影的绘制。

» 勾线

07 确定没被薄纱遮盖处的皮肤轮廓，如头部、手部、锁骨和胸部的线条。

用浅棕色纤维笔勾勒皮肤轮廓。

用浅棕色针管笔绘制眼皮、鼻子和嘴唇等细节部位。

用深棕色纤维笔分别加重各个关节转折处的线条。

绘制出薄纱的主要轮廓。

保留碎褶的铅笔线稿。

10 用同一色号的马克笔，叠加绘制薄纱重叠的部分，加强单层薄纱和重叠薄纱的颜色对比，表现出荷叶裙的层次感和薄纱的透明感。然后绘制头发和鞋子的阴影。

08 用小号黑色防水笔根据线稿勾线，表现出人体与薄纱的立体感，明确服装款式。本案例中的面料为欧根纱，注意线条较柔韧细腻，明暗、虚实、粗细适中，用笔不宜过于粗犷，细小线条可保留铅笔稿。

» 上色

09 绘制头发和鞋子的底色，然后用9#马克笔绘制服装底色，注意沿着服装褶皱的走向用笔，适当留出高光。

绘制嘴唇底色，用高光笔完
善镜片的玻璃透明质感。

12 用对比较强的粉色
（15#马克笔）绘制出褶
皱内侧的阴影，让画面
更具层次感。

用红色纤维笔完善嘴唇和眼
影的绘制。

11 用高光笔提亮，表现
出头发、皮肤、鞋子的光
泽感。顺着褶皱的走向绘
制出褶皱的亮面，并细致
刻画荷叶边的褶皱形态，
表现出薄纱轻盈的质感。

6.1.3 薄纱质感作品赏析

6.2 丝绸质感表现

丝绸是用蚕丝或人造丝纯织或交织而成的织品的总称。丝绸质感主要在于表现面料的光泽感和柔滑感。丝绸面料有良好的垂坠感，会产生较多的褶皱。

6.2.1 丝绸质感绘制技巧

丝绸质感的绘制要点

光泽感： 丝绸的光泽感主要通过高光和反光表现，高光通过大量留白表现，反光则通过叠色表现。

垂坠感： 在表现垂坠感时褶皱应该分组绘制，并要把控好疏密关系，适当取舍整理。绘制时要确定好褶皱的位置和分布，应从人体大转折处入手着色，以免在绘制光影的时候造成画面凌乱。

柔滑感： 线条以曲线为主，切忌形成尖角，应圆顺用笔。

丝绸质感表现细节

①绘制丝绸底色，并大量留白。

②叠加绘制反光色。

③绘制丝绸阴影。

④绘制丝绸光泽。

6.2.2 丝绸质感实例表现

» 线稿

01 用铅笔起稿，确定人体动态。

02 根据人体动态绘制服装款式廓形。该案例的服装款式腰部有打结设计，注意褶皱应以发散的方式处理。肩部碎褶应用短线绘制。

根据三庭五眼的比例关系绘制头部和五官。

03 完善服装褶皱和细节的绘制，然后擦掉不必要的辅助线，以免影响后面勾线。

05 用纤维笔绘制皮肤轮廓，然后用小号黑色防水笔根据线稿勾线，注意线条的虚实变化，表现出丝绸的柔韧性，明确服装款式，接着擦掉不必要或出界的线条。

用浅棕色纤维笔勾勒皮肤轮廓。

04 自定光源方向，绘制皮肤底色和阴影。与薄纱相比，丝绸面料虽然较薄但基本不透明，因此皮肤和服装的色彩分界非常分明。

用27#马克笔绘制皮肤底色，注意留白。

用蓝色纤维笔绘制虹膜颜色。

用深棕色纤维笔绘制瞳孔、眼线等。

06 根据褶皱走向，用9#马克笔绘制丝绸面料的底色，注意大面积留白。

用斜头绘制发色。

07 沿着服装褶皱走向，用深一号的粉色绘制反光色。

完善发色阴影的绘制。

08 用对比较明显且同色系的89#或15#马克笔绘制褶皱暗部的阴影，体现强烈的光泽感。

用红色纤维笔绘制出眼影和唇色。

10 该案例选用与虹膜颜色相同的作为背景色,与整体呼应。

09 用高光笔绘制皮肤高光,表现出皮肤质感。顺着褶皱的走向绘制出褶皱的亮面,并细致刻画褶皱形态,表现出丝绸的光泽质感。

6.2.3 丝绸质感作品赏析

6.3 牛仔质感表现

牛仔是一种较粗厚的色织经面斜纹棉布，牛仔面料的后整理工艺很多，有打磨、水洗和漂白等。通过后整理加工，一块普通的牛仔面料也变得有许多细节。

6.3.1 牛仔质感绘制技巧

牛仔质感的绘制要点

光泽感弱：牛仔面料主要成分为棉纤维，所以它不像丝绸面料那么有光泽，在绘制时注意高光不能过于强烈。

软硬度：牛仔面料手感略粗糙，线条转折硬朗，不像丝绸面料那么圆滑柔软。

肌理线迹：牛仔面料的基本肌理为斜纹和平纹，绘制时可以用彩铅辅助绘制。线迹是牛仔服装的经典处理手法，绘制时要表现出来。

牛仔质感绘制细节

①绘制牛仔面料底色。

②叠加牛仔面料暗部。

③绘制牛仔面料经典的线迹。

④绘制牛仔面料的斜纹肌理。

6.3.2 牛仔质感实例表现

» 线稿

01 用铅笔起稿，确定人体动态。

02 根据人体动态绘制服装款式的大致廓形，牛仔面料较硬挺，褶皱起伏大，碎褶少。

03 完善人体与服装配饰的细节，案例中上衣的牛仔面料比裤子的牛仔面料要柔软，注意线条的对比，裤子的线条应表现得硬朗一些。擦掉不必要的辅助线，以免影响后面勾线。

用139#马克笔的尖头绘制皮肤阴影。

» 皮肤

04 自定光源方向，绘制皮肤底色和阴影，注意留出皮肤高光。

用27#马克笔以平涂的方式绘制皮肤底色，可大胆用笔，注意在眼珠和牙齿位置留白。

» 勾线

05 确定五官和皮肤的轮廓。

用浅棕色纤维笔勾勒皮肤的轮廓，如上眼睑、眼睛虹膜、眉毛、耳朵、脸型和手脚等。

用浅棕色极细针管笔绘制细小线条，如双眼皮、眉梢、鼻子和嘴唇等。

用深棕色纤维笔绘制出瞳孔，加重各个关节转折处和暗部的线条。

06 用小号黑色防水笔根据线稿勾线，注意上衣和裤子的线条对比，表现出牛仔服装的硬朗造型，明确服装款式。

沿着服装的褶皱走向用笔，注意线条的粗细和虚实变化。

继续补充局部线条，细小部件与受光部可保留铅笔痕迹。

» 上色

07 绘制头发和整体的服装底色，注意留出高光。

用斜头沿着褶皱走向以块面的形式填充上衣底色，根据起伏和转折留白，保留缝隙。

用同样的方法绘制服装其他部分的颜色。

08 根据自定光源叠加绘制服装的阴影，阴影主要集中在转折处和褶皱内侧，绘制时应肯定明快用笔。

用红色纤维笔绘制唇色和眼影，完善眼线和耳环的绘制。

09 继续叠加绘制暗部阴影，叠加1~2层即可，注意叠加面积逐层递减，表现出层次感。

10 绘制牛仔的线迹细节。

结合深浅不同的蓝色纤维笔绘制线迹，然后在暗部用较深的颜色绘制出扣子。

11 用高光笔沿着各个关节转折处绘制高光，表现出面料质感。牛仔面料光泽感弱，只需在主要的转折处略微表现高光即可，不宜提亮太多。

用点笔触绘制出鞋子的波点细节。

12 用彩铅绘制牛仔肌理。由于彩铅是蜡质的，如果先用彩铅上色，再使用高光笔时就不能很好的上色，所以要先用高光笔上色再用彩铅绘制，另一方面彩铅还可以弱化牛仔面料的光泽感。

选择近似色彩铅，根据服装走向排线绘制肌理。

6.3.3 牛仔质感作品赏析

6.4 针织质感表现

　　针织面料主要分为纬编和经编两类。纬编针织品最少可以用一根纱线制作而成，如毛衣、开衫等成型类针织品。经编织物不能用手工编织，如T恤、运动卫衣等裁剪类针织品。

6.4.1 针织质感绘制技巧

　　在表现经编针织时，由于经编针织纱线较为细腻，只需要把针织款式和褶皱绘制出来，叠加上色即可。

　① 　　　　　　② 　　　　　　③ 　　　　　　④

纬编针织质感的绘制要点

织纹： 纬编针织在外观上有明显的坑条织纹，在绘制时可采用长短弧度不一的曲线表现。

肌理： 纬编针织不仅可以清晰看见织纹，纱线肌理也是清晰可见的，绘制时应刻画肌理细节。

线条： 纬编针织线条粗犷圆钝，绘制时注意线条不宜出现尖角。

针织质感表现细节

①绘制暗部织纹。

②绘制整体织纹。

③绘制针织整体阴影。

④绘制针织肌理。

　① 　　　　　　② 　　　　　　③ 　　　　　　④

6.4.2 针织质感实例表现

» 线稿

01 用铅笔起稿，确定人体动态。

02 根据人体动态绘制针织款式的大致廓形，注意线条粗钝。该案例为宽松的粗纱线编织毛衣，注意廓形线条和服装空间。

03 完善人体与服装配饰的细节，然后擦掉不必要的辅助线，以免影响后面勾线。

» 皮肤

04 自定光源方向，绘
制皮肤底色和阴影，
注意留出皮肤高光。

用27#马克笔以平涂的方式绘制
皮肤底色，可大胆用笔。

用139#马克笔的尖头绘制皮肤
阴影。

» 勾线

05 用纤维笔勾
勒皮肤轮廓。

用浅棕色纤维笔勾勒上眼睑，
填充眼睛虹膜等皮肤轮廓，注
意留出高光。

用浅棕色极细针管笔绘制双眼
皮、眉梢、鼻子和嘴唇等细致
轮廓。

用深棕色纤维笔加重脸部转折
处和暗部的线条。然后绘制出
瞳孔，力度稍大可稍停顿。

» 上色

07 用深红色马克笔（1#马克笔）根据褶皱和人体走向绘制织纹较暗的线条。

06 用小号黑色防水笔根据线稿勾线，注意线条变化，粗钝用笔，表现出人体与服装贴合包裹的立体感。

沿着服装的褶皱走向用笔，注意线条的粗细和虚实变化，服装线条可稍粗。

08 用颜色浅一些的4#马克笔绘制亮面整体织纹。

11 绘制织纹肌理细节，完善妆容和鞋子的绘制。然后用高光笔提亮皮肤、鞋子、耳环、头发的光泽。针织面料通常没有光泽，因此不需要用高光笔提亮。

09 根据服装走向，完善织纹绘制。

10 用10#红色马克笔绘制服装暗部阴影。

用红色纤维笔绘制织纹肌理。

用红色纤维笔绘制唇色和眼影。

6.4.3 针织质感作品赏析

◎ 纬编针织质感作品赏析

6.5 毛呢质感表现

毛呢是对用各类羊毛、羊绒织成的织物的泛称。通常适用于制作礼服、西装、大衣等正规、高档的服装，通常以秋冬款服装为主。华达呢光泽自然柔和，较为庄重；粗花呢质地较粗，呈现各种色织提花织纹；法兰绒则素净大方；麦尔登表面细洁平整、身骨挺实、富有弹性。

6.5.1 毛呢质感绘制技巧

毛呢质感的绘制要点

廓形：由于毛呢面料质地厚实，因此服装轮廓非常硬挺，绘制时注意线条的挺括。

褶皱：毛呢服装的褶皱通常是既深又长，数量少，很少出现碎褶。

肌理：表现毛呢的肌理，可用干画笔或借用彩铅刷出织纹，也可以通过颜色叠加混合得到厚重的肌理感。

毛呢质感表现细节

①绘制毛呢底色。

②叠加绘制毛呢过渡色。

③在过渡色未干前，叠加绘制毛呢暗部的颜色，形成笔触混合，表现厚重肌理。

④在主要转折处绘制高光，高光不宜过于强烈。

6.5.2 毛呢质感实例表现

» 线稿

01 用铅笔起稿，确定人体动态。

02 根据人体绘制毛呢款式的大致廓形，案例中为束腰套装，面料厚重，注意褶皱线条少而长，以清晰为主。褶皱主要表现在关节转折处和束腰处，服装廓形硬朗。

03 完善人体与服装配饰的细节，然后擦掉不必要的辅助线，以免影响后面勾线。

» 皮肤

04 自定光源方向，绘制皮肤底色和阴影，注意留出高光。

» 勾线

05 用纤维笔勾勒皮肤轮廓，确定脸部和五官线条。

用浅棕色纤维笔勾勒上眼睑，填充眼睛虹膜的颜色，注意留出高光。然后绘制眉毛前半段，以及耳朵和脸型轮廓。

用深棕色纤维笔分别加重脸部转折处，如眉头、上眼睑等。然后用点笔方式点出瞳孔，力度稍大可稍停顿。

用27#马克笔以平涂的方式绘制皮肤底色。

用139#马克笔的尖头绘制皮肤阴影。

用浅棕色极细针管笔绘制双眼皮、眉梢、鼻子和嘴唇的轮廓。

06 用小号黑色防水笔根据线稿勾线，明确服装款式。然后擦掉出界或不必要的线条，以便更好地上色填充。

08 叠加绘制毛呢过渡色。叠加面积逐层递减，表现出毛呢面料的层次感。

» 上色

07 根据自定光源，沿着服装褶皱走向绘制整体服装底色，注意留出高光。

沿着服装的褶皱走向用笔，表现出毛呢硬朗厚重的线条。

绘制发色。

绘制手套。

用马克笔宽头绘制底色。

10 完善妆容，提亮皮肤、手套、鞋子的高光，表现出光泽感。毛呢光泽感弱，只需要加强轮廓高光即可，表现体积感，注意需要按照实际毛呢光泽绘制高光。

11 本案例选用与发色和手套颜色同色系的颜色，绘制出暖色调的背景，与冷色调的灰色错开，达到画面视觉平衡。

09 在过渡色没完全干前叠加绘制深色阴影，使两层颜色混合在一起，形成较厚重的质感，进一步增强层次。

用红色纤维笔绘制唇色和眼影。

6.6 皮革质感表现

皮革广泛应用于各大行业,服装行业也不例外,除了皮鞋、皮包、皮带、皮手套等,当然也少不了皮衣。皮革主要有各种动物皮革、人造皮即PU皮、合成皮革等。皮革根据光泽不同,分为亚光和亮光两种,皮革表面有一层天然颗粒状的肌理。

6.6.1 皮革质感绘制技巧

皮革质感的绘制要点

光泽:亚光皮革光泽暗淡,亮光皮革产生大量高光,可通过留白面积来区分绘制。

厚重感:在绘制皮革面料时,为了和丝绸类面料的光泽进行区分,可以通过褶皱和轮廓来表现皮革的厚重感。皮革的碎褶很少,褶皱多为曲线,服装廓形挺括。

肌理:皮革表面有一层天然颗粒状的肌理,可以通过颜色的叠加混合,表现厚重肌理,或者借助彩铅刻画颗粒肌理。

皮革质感表现细节

①绘制皮革褶皱。

②绘制皮革底色。

③叠加绘制皮革阴影。

④绘制皮革高光。

6.6.2 皮革质感实例表现

» 线稿

01 用铅笔起稿,确定人体动态。该案例为坐姿全身动态。

02 根据人体动态绘制服装款式,案例中的服装褶皱主要集中在腹部和腿部动态处。然后完善人体与服装配饰的细节,接着擦掉不必要的辅助线,以免影响后面勾线。

根据三庭五眼的比例关系绘制五官,注意透视变化。

05 用黑色防水笔根据线稿勾线，注意线条的弧度，表现出皮革的挺括感，明确褶皱走向和服装款式。

》皮肤

03 自定光源方向，然后用27#马克笔绘制皮肤底色，接着用139#马克笔绘制皮肤阴影。最好在第一层肤色没完全干透前绘制阴影，这样肤色过渡会更加自然。

以平涂的方式绘制皮肤底色，可大胆用笔。

用浅棕色纤维笔勾勒皮肤的轮廓，如上眼睑、眼睛虹膜、眉毛、耳朵、脸型、锁骨和四肢等。

用浅棕色极细针管笔绘制细小线条，如双眼皮、眉梢、鼻子和嘴唇等。

》勾线

04 用纤维笔确定脸部和五官，以及四肢的轮廓，加强皮肤转折处的线条。

» 上色

06 沿着褶皱走向绘
制整体服装底色，留
出褶皱起伏处的高光。

08 完善妆容和配
饰的绘制。

用红色纤维笔绘制唇色和眼
影，然后完善耳环的颜色。

07 根据自定光源，叠加
绘制服装阴影，阴影主要
集中在转折处和褶皱内侧，
绘制时应肯定用笔。

09 用高光笔提亮皮肤质
感，然后沿着服装褶皱起
伏绘制出高光，体现皮革
面料的体积感。

w5-yanFei
Faye ふ
Oct. 23th. 201

10 根据款式风
格，绘制强烈的背
景色与之呼应。

6.6.3 皮革质感作品赏析

6.7 光感面料表现

高能见度科学光感材料成为现代前卫设计的新趋势。设计师已经不满足于传统面料，开始运用各种方式，不断地发掘各种材料所带来的可能性。在各大秀场上，也出现了用各种光感面料来表达对未来的畅想或对生活的态度。光感面料的材质有很多种，由各种化学纤维合成。

6.7.1 光感面料绘制技巧

光感面料的绘制要点

光感：绘制时可以通过大量留白和高光笔提亮来表现光感。

反光：光感面料如同一面镜子，在上色时除了原有的色彩外，还会出现周围的环境色，这是绘制时需要考虑的。

对比：面料本身的光感和反射的环境色形成对比强烈的色彩，这是绘制光感面料的关键。

光感面料表现细节

①绘制光感面料底色，大面积留白。

②绘制光感面料反光色和环境色。

③绘制过渡色。

④绘制高光。

6.7.2 光感面料实例表现

» 线稿

01 用铅笔起稿，确定人体动态。

02 根据人体动态绘制服装款式的大致廓形，该案例中的服装材质较为挺括硬朗，因此绘制褶皱时要注意线条的软硬度。

03 完善人体与服装配饰的细节，然后擦掉不必要的辅助线，以免影响后面勾线。

» 皮肤

04 自定光源方向，然后绘制皮肤底色和阴影。最好在第一层肤色没完全干透前绘制阴影，这样肤色过渡会更加自然。

用27#马克笔以平涂的方式绘制皮肤底色，可大胆用笔。

用139#马克笔的尖头绘制皮肤阴影。

» 勾线

05 确定脸部、五官及四肢的轮廓。

用浅棕色纤维笔勾勒皮肤轮廓，如五官、锁骨和四肢等。

用浅紫色纤维笔绘制虹膜颜色。

用深棕色纤维笔加重绘制皮肤轮廓转折处，绘制出瞳孔。

06 用小号黑色防水笔根据线稿勾线，明确服装款式。然后擦掉出界或不必要的线条，以便更好地上色。

沿着服装的褶皱走向用笔，表现出硬朗的线条感，注意线条的粗细和虚实变化。

» 上色

07 根据自定义光源，沿着服装褶皱走向绘制服装暗面，注意要大面积留白。

绘制发色。

绘制头发暗部的颜色。

08 绘制光感面料的反光色，案例中的环境色为头发和鞋子飘带的颜色，因此选用暖灰色绘制。

09 用浅灰色绘制出过渡色，表现出层次感。

11 用高光笔提亮人体关节转折处的高光，提亮肤色，然后完善服装高光，表现出明亮的光感。

10 绘制面料的银色高光，表现出镜面感。

用红色纤维笔绘制唇色和眼影，然后完善眼线和耳环的颜色绘制。

可借助银色高光笔来表现银色光泽。

6.7.3 光感面料作品赏析

6.8 天鹅绒质感表现

天鹅绒是以绒经在织物表面构成绒圈或绒毛的丝织物名。天鹅绒面料质量较重，表面富有光泽，色彩饱满，手感柔软舒适，它奢华的气质和丰富的纹理可以营造出浓厚的时尚氛围。

6.8.1 天鹅绒质感绘制技巧

天鹅绒质感的绘制要点

光泽感： 通过高光和反光表现，高光通过大量留白表现，反光则通过叠色表现。

垂坠感： 由于天鹅绒质量较重，手感柔软，和丝绸相比，天鹅绒的垂感褶皱较为厚重，褶皱分明。

绒感： 绘制时要表现出天鹅绒的绒感，可以先从深色开始绘制，当浅色叠加深色时，上下层颜色得以晕染，形成绒感肌理；也可以使用0#马克笔来做最后的晕色处理。

天鹅绒质感表现细节

①先绘制中间色。

②叠加绘制暗部的颜色。

③叠加绘制浅色，并进行晕染。

④绘制高光，进一步晕染。

6.8.2 天鹅绒质感实例表现

» 线稿

01 用铅笔起稿，确定人体动态。

02 根据人体动态绘制服装款式廓形，本案例为修身鱼尾礼服裙，天鹅绒垂坠感强，容易形成纵向的垂褶，注意披肩褶皱走向的处理。

» 皮肤

03 擦掉不必要的辅助线，绘制皮肤底色和阴影。

04 绘制皮肤轮廓。

用27#马克笔绘制皮肤底色。

用139#马克笔的尖头笔绘制皮肤暗部阴影。

用浅棕色纤维笔勾勒五官轮廓，然后绘制肩部、锁骨和手部轮廓。

用浅棕色极细针管笔绘制双眼皮、眉梢、鼻子和嘴唇的轮廓。

用深棕色纤维笔分别加重眼珠、腋窝和手指缝等转折处。

» 勾线

05 用小号黑色防水笔根据线稿勾线，明确服装款式，然后擦掉出界或不必要的线条，以便更好地上色。

沿着人体动态绘制服装褶皱，注意绘制出曲线表现天鹅绒的柔软感。

07 用颜色深一号的马克笔绘制暗部褶皱的颜色，暗部阴影集中在褶皱内侧和转折处。

» 上色

06 根据服装褶皱走向绘制出中间过渡的颜色，对亮部和暗部进行留白。

用马克笔斜头绘制中间色。

08 在暗部颜色没有完全干的时候，用浅一号的马克笔叠加绘制亮部颜色，留出高光的同时，晕染暗部颜色。

用红色纤维笔绘制出眼影和唇色。

用黑色纤维笔绘制出手指指甲。

09 用高光笔提亮皮肤和服装的光泽，表现出天鹅绒的光泽感。

10 用0#马克笔进一步晕染，表现出自然的过渡色，形成绒感肌理。

11 绘制出背景颜色。

用0#马克笔进一步晕染过渡，形成绒感肌理。

6.8.3 天鹅绒质感作品赏析

6.9 皮草质感表现

皮草是指利用动物的皮毛所制成的服装，具有保暖的作用。皮草质感高贵奢华。

6.9.1 皮草质感绘制技巧

皮草质感的绘制要点

长度：长毛皮草可以用轻松细长的弧线表现，短毛皮草可以用细短的线条表现，羊羔毛或人造皮草则可以用短弧线或打圈方式来表现体积感。

蓬松感：皮草外形具有一定的蓬松感，绘制时应注意线条的把握，以松动轻快的线条为主。

体积感：把握皮草整体的体积感和大转折关系。

皮草质感表现细节

①绘制皮草体积。

②叠加绘制皮草体积。

③绘制长毛。

④绘制皮草高光。

6.9.2 皮草质感实例表现

» 线稿

01 用铅笔起稿，确定人体动态。

02 根据人体动态绘制皮草的大致体积廓形。与其他线稿不同的是，绘制毛类时可以采用不规则短曲线绘制。

03 完善人体与皮草蓬松体积的轮廓，然后擦掉不必要的辅助线，以免影响后面勾线。

用27#马克笔绘制皮肤底色。

用139#马克笔的尖头绘制皮肤阴影。

» 皮肤

04 自定光源方向，绘制皮肤底色和阴影。最好在第一层肤色没完全干透前绘制阴影，这样肤色过渡会更加自然。

» 勾线

05 用纤维笔勾勒皮肤轮廓，然后用小号黑色防水笔根据线稿勾线，明确皮草的体积造型。然后擦掉出界或不必要的线条，以便更好地上色。

用浅棕色纤维笔勾勒上眼睑，并填充双眼睛虹膜，注意留出高光，然后绘制眉毛前半段、耳朵和脸型轮廓。

用浅棕色极细针管笔绘制双眼皮、眉梢、鼻子和嘴唇的轮廓。

用深棕色纤维笔分别加重脸部转折处，如眉头、上眼睑。然后用点笔方式点出瞳孔，力度稍大可稍停顿。

按同一方向依次绘制皮草毛边。

» 上色

06 完善头发和靴子的颜色绘制。

07 根据皮草毛边方向，绘制出蓬松的长毛，表现出体积感。

绘制发色。

绘制靴子底色。

沿着皮草轮廓用快干的马克笔绘制出蓬松的毛。

依次绘制，表现出蓬松的体积感。

08 完善其他颜色的皮草毛绘制。

用干画笔绘制皮草的颜色。

09 用浅灰色马克笔绘制出白色皮草毛的体积感。

用红色纤维笔绘制唇色和眼影。　表现白色皮草毛的体积感。

10 用中号黑色防水勾线笔绘制整体皮草轮廓处的长毛。

刻画轮廓外的皮草毛。

11 用高光笔绘制整体高光，提亮肤色和靴子，表现出皮草的体积感和光泽感。

wu-yanFei

Oct. 31th. 201

12 绘制背景颜色，注意和画面效果相呼应。

6.9.3 皮草质感作品赏析

07

时装画综合
案例表现
（全视频）

本章综合了前面各个章节所讲解的时装画
绘制要点，从线稿到上色，从局部到整
体，以及各种面料的质感细节表现。同
时，本章所有案例都有配套的视频讲解，
为大家扫清学习障碍，全面提升时装画绘
制技能。

7.1 轻薄无垂感面料服装效果图绘制

01 绘制出重心线，然后根据人体比例分成9等份，绘制出人体动态。

04 用纤维笔绘制人体皮肤轮廓。

02 根据人体动态绘制服装，注意褶皱的走向。

03 绘制人体皮肤底色（27#）和阴影（139#）。

05 用黑色勾线笔勾勒服装轮廓。

06 绘制头部妆容和头发。

07 绘制整体服装底色，上衣用24#马克笔，裤子用141#马克笔。

08 叠加绘制服装过渡色，上衣用23#马克笔，裤子用35#马克笔。

09 叠加绘制服装阴影，上衣用22#马克笔，裤子用31#马克笔。

10 用高光笔提亮整体高光。

01 绘制人体动态和五官，
本案例中眼镜为不透明款，
所以眼睛可忽略不画。

03 绘制人体皮肤
底色（27#）和阴
影（139#）。

02 根据人体动态
绘制服装，注意腹
部褶皱的走向。

04 用纤维笔绘制人体皮肤轮廓。

05 用黑色勾线笔勾勒服装轮廓，用笔要轻快，线条不宜过粗，要表现面料轻盈的特性。

06 用35#马克笔绘制整体服装和鞋子的底色，另外还要绘制出头发和眼镜的底色，注意留出高光。

07 用33#或34#马克笔叠加绘制服装过渡色。

08 用31#马克笔绘制服装和鞋子的阴影，并叠加绘制眼镜的颜色。

09 完善眼镜反光色和妆容的绘制，然后用高光笔提亮整体高光。

ws-yanFei
FaysTrya
Nov. 15th. 201

01 绘制人体动态和五官，该案例为站立造型。

02 根据人体造型绘制服装，用参差不齐的线条绘制皮草轮廓。

03 绘制头部皮肤底色（27#）和阴影（139#），然后用纤维笔绘制头部和五官的轮廓。

04 用黑色勾线笔确定服装轮廓。

05 用BG3#马克笔宽头的菱角勾勒皮草体积。

06 用BG5#马克笔绘制头发和服装底色，并叠加绘制皮草毛的颜色，然后绘制手套。

08 用红色纤维笔绘制脸部妆容，然后用高光笔提亮整体高光和手套上的珠饰细节。

07 用BG7#马克笔绘制服装和皮草的阴影。

w5-yanfei
Faye tu
Nov.15th. 201

01 绘制人体动态和五官。

03 绘制人体皮肤底色（27#）和阴影（139#）。

02 根据人体动态绘制服装和配饰。

04 用纤维笔勾勒皮肤轮廓。

06 绘制服装图案和各个配饰的底色，然后完善妆容。

05 用黑色勾线笔描绘服装轮廓。

07 绘制服装底色和线条图案。

09 完善各个部件的细节绘制，用黑色勾勒字母，作为底色，因为用高光笔在深色的底色绘制时字母会更清晰。

08 叠加绘制服装底色和线条阴影。

10 用高光笔提亮整体高光，绘制出上衣的波点图案。

01 绘制人体动态和五官。

02 根据人体动态绘制服装和头纱的轮廓。

03 绘制人体皮肤的底色（27#）和阴影（139#）。

05 用黑色勾线笔
描绘服装的轮廓，
头纱的线稿保留。

04 用纤维笔
勾勒露在外
面的身体的
皮肤轮廓。

06 绘制头发和
服装的底色。

08 叠加绘制服装的阴影，然后用马克笔的尖头绘制出珠饰，接着完善妆容。

07 叠加绘制服装的过渡色。

09 用与服装底色同色系的纤维笔勾勒出薄纱上的蕾丝镂空图案，注意图案的分布。

11 用与蕾丝镂空图案同色系的彩铅，绘制出薄纱轻盈透明的质感。

10 用高光笔提亮整体的高光，注意提亮珠饰的高光，以增强立体感。

WU-YanFei

Nov.17th.2017

7.6 花卉印花面料服装效果图绘制

02 根据人体动态
绘制服装和配饰。

03 绘制人体皮
肤的底色（27#）
和阴影（139#）。

01 绘制人体
动态和五官。

04 用纤维笔勾勒
露在外面的身体皮
肤的轮廓。

06 绘制服装的印花
和各个配饰的底色。

05 用黑色勾线笔
描绘服装的轮廓。

07 叠加绘制服装的
印花和配饰的阴影。

08 用灰色纤维笔绘制服装印花的细节。

09 用高光笔提亮整体的高光，表现印花的立体感。

wū-yanfēi
Faye wu
Nov. 17th. 2017

7.7 透视薄纱面料服装效果图绘制

01 绘制人体动态
和五官。

02 根据人体动
态绘制服装和整
体造型。

03 绘制人体皮肤的
底色（27#）和阴影
（139#）。

04 用纤维笔勾勒露在外面的身体的皮肤轮廓。

06 绘制头发和鞋子的底色，然后用9#马克笔绘制薄纱的底色，接着用77#马克笔绘制短裤上的条纹。

05 用黑色勾线笔描绘整体服装的轮廓。

07 绘制头发的阴影，然后用9#马克笔叠加绘制薄纱重叠处的颜色。

09 用高光笔提亮整体的高光，完善配饰的细节和人物妆容。

08 用8#马克笔叠加绘制薄纱的阴影，然后用83#马克笔叠加绘制短裤上的条纹。

wu-yanfei；
Fayemji
Nov.20th. 201

7.8 毛呢流苏面料服装效果图绘制

01 绘制人体
动态和五官。

02 根据人体
动态绘制服装
和整体造型。

03 绘制人体皮肤
的底色（27#）和
阴影（139#）。

04 用纤维笔勾勒露在外面的身体的皮肤轮廓。

05 用黑色勾线笔描绘整体服装轮廓，绘制流苏线条时用笔要轻快。

06 绘制整体服装的底色。

07 叠加绘制整体
服装的过渡色，明
确流苏线条。

09 用高光笔提
亮整体的高光。

08 完善妆容，然后
叠加绘制服装的阴
影，增强表现毛呢的
厚重感。

Wú-yanFei
Faye李飞
Nov. 20th.201

7.9 刺绣镂空天鹅绒面料服装效果图绘制

01 绘制人体动态和五官。

02 根据人体动态绘制服装和整体造型。

03 绘制人体皮肤的底色（27#）和阴影（139#）。

04 用纤维笔勾勒露在外面的身体的皮肤轮廓。

06 绘制服装的暗部颜色，然后勾勒薄纱上的镂空刺绣。

05 用黑色勾线笔描绘整体服装轮廓，线条要流畅、轻快。

07 叠加绘制服装的亮部颜色，然后叠加绘制头发的阴影。

08 完善妆容，然后叠加绘制服装的过渡色，晕染上下层颜色的边缘。

09 用金色高光笔勾勒出镂空刺绣的细节图案和首饰的细节，增强体积感。

10 用0#马克笔对服装进行渲染，使上下层的颜色得到混合，形成绒感肌理。然后完善薄纱的绘制，接着用高光笔绘制整体的高光。

W5-yanFei
Nov. 24th. 201

01 绘制人体
动态和五官。

02 根据人体动
态绘制服装和整
体造型。

03 绘制人体皮肤
的底色（27#）和
阴影（139#）。

04 用纤维笔勾勒露在
外面的身体的皮肤轮廓。

06 叠加绘制整体服装的阴影，然后绘制出针织打底衣的细节。本案例中的牛仔面料有混色效果，因此用了BG3#马克笔来混合表现。

05 用黑色勾线笔描绘整体服装的轮廓，然后绘制整体服装的底色。牛仔套装用185#马克笔表现。

07 完善针织打底衣的肌理细节，然后绘制出绣花图案，接着用100#马克笔绘制出金属钉的底色。

09 用勾线笔点出金属钉的反光色，然后用高光笔绘制整体的高光，点出金属钉的高光。

08 用深一号的蓝色马克笔绘制出牛仔套装的阴影。

10 用彩铅绘制出牛仔服的肌理质感，然后完善妆容、扣子等细节。

02 根据人体动态绘制服装和整体造型，注意荷叶边的形状。

01 绘制人体动态和五官。

03 绘制人体皮肤的底色（27#）和阴影（139#）。

05 用黑色勾线笔描绘整体服装的轮廓，线条要简约、硬朗。

04 用纤维笔勾勒露在外面的身体的皮肤轮廓。

06 绘制整体造型的底色，用8#马克笔绘制服装。

09 用高光笔提亮整体的高光。

07 用15#马克笔叠加绘制过渡色，注意绘制出织带的色条。

08 用4#马克笔绘制服装的阴影，然后完善服装其他部分的阴影，接着完善扣子、字母绣花等的细节。

02 根据人体动态绘制服装和整体造型。该案例为多件服装，注意服装的空间关系。

01 绘制人体动态和五官。

03 绘制人体皮肤的底色（27#）和阴影（139#）。

05 用黑色勾线笔描绘整体服装的轮廓，线条要简约、明快。

04 用纤维笔勾勒露在外面的身体的皮肤轮廓。

06 绘制整体造型的底色。

08 绘制格子套装配色细节，以及眼镜和鞋包等的细节。

07 叠加绘制出羽绒服的阴影，增强体积感。

09 用高光笔提亮整体高光。

wu-yanFei
Faye叻茨
Nov. 21th. 2017

wǔyànlēi
Faye
Mar. 7th. 2017.